KB057769

숫자의 함정

숫자의 함정

윌리엄 하트스톤 지음 | 김수환 옮김

시그마북스
Sigma Books

숫자의 함정

발행일 2021년 9월 1일 초판 1쇄 발행
지은이 윌리엄 하트스톤
옮긴이 김수환
발행인 강학경
발행처 시그마북스
마케팅 정제용
에디터 최윤정, 장민정, 최연정
디자인 김문배, 강경희

등록번호 제10-965호
주소 서울특별시 영등포구 양평로 22길 21 선유도코오롱디지털타워 A402호
전자우편 sigmabooks@spress.co.kr
홈페이지 http://www.sigmabooks.co.kr
전화 (02) 2062-5288~9
팩시밀리 (02) 323-4197
ISBN 979-11-91307-67-2 (03410)

Numb and Number

장담하건데 제가 다루는 수학은 훨씬 더 어렵습니다.
그러니 수학이 어렵게 느껴진다고 걱정하지 마세요.

-알버트 아인슈타인, 1943년, 학교 수학이 어렵다고
편지를 보낸 소녀에게 보내는 답장에서

CONTENTS

서론

—

'아무도 문학에 대한 무지를 자랑하지 않는다'고 말하는 것은 진부할 정도로
자주 사용되는 표현이 되었지만, 여전히 과학에 대한 무지함을 자랑하고
수학적 무능함을 자랑스럽게 말하는 것이 사회적으로 받아들여지고 있다.

- 리처드 도킨스, BBC 리처드 딤블비 강의, 1996

여론조사와 선거 통계가 영국 신문들과 TV 시사 프로그램과 내 이
메일 함에 가득 쏟아져 내리던 2019년 12월 어느 날 아침, 나는 특별
히 흥미로운 뉴스 두 개와 보도자료 하나를 발견했다.

보도자료는 영국인 1,000만 명은 주기적으로 두통을 앓는다고 했
고, 두 뉴스는 각각 크로이던의 아동 중 37%가 상대적으로 가난한
가정 출신이라는 것과, 중국의 11월 대미 수출이 그 전해보다 23%
감소했다는 내용을 전달했다.

우리는 점점 더 뉴스가 데이터와 숫자로 가득해가는 세상에 살
고 있지만, 그러한 숫자들을 적절하게 해석하기에 충분한 정보가 주

어지지 않을 때가 너무나도 많다. 두통을 앓고 있는 사람이나 크로이던의 아동복지 담당자나 중국의 수출업자들은 그러한 수치를 보고 경각심을 가질 수도 있지만, 대부분의 사람들은, 심지어는 그 수치와 관련이 있는 집단의 사람들조차 보통 숫자를 보고 그것이 어떻게 계산되었고 무엇을 뜻하는지 자세히 생각해보지 않는다.

'주기적으로 두통에 시달린다'라는 말은 무엇을 의미할까? '자주' 두통에 시달린다는 말을 뜻할까? 만약 일 년에 한 번씩 두통에 시달린다면 주기적이긴 하지만 빈번하다고는 할 수 없다. 전철역에서 종종 보던 '런던행 정기운행'이라는 광고가 생각나는데, 일주일에 한 번 런던에 가는 기차도 주기적이긴 하지만 이걸 좋은 광고라고 할 수는 없을 것이다. 두통에 자주 시달리는 사람에 대해 말한다면, 매일 두통에 시달리는 사람을 말하는가? 아니면 술을 많이 마신 후 매일 아침에 숙취로 인해 두통에 시달린다는 말인가? 또는 일이 너무 쌓여서 머리가 아픈 것인가? 대체 무엇을 의미하는 것인가?

그리고 크로이던의 아동 중 37%가 상대적 빈곤 속에 살고 있다는 것은 무엇을 뜻할까? '상대적'은 무엇을 말하는 것인가? 물론 크로이던의 전체 아동 중 가정 소득이 하위 37%에 해당하는 아동들은, 그들보다 더 부유한 나머지 63%에 비해서 상대적으로 가난하다고 할 수 있을 것이다. 이 수치는 해당 아동들을 크로이던의 전체 아동에 비교하는 것인가 아니면 전국의 아동에 비교하는 것인가? '상대적 빈곤'이라는 용어의 의미를 정의하지 않고서 그저 37%라는 특정한 수치만 제시하는 것은 아무런 의미가 없다.

마지막으로 중국의 대미 수출 감소는 어떻게 이해할 수 있을까? '전년 대비 23% 하락했다'라는 말은 2018년 11월과 2019년 11월을 비교한 것인가? 아니면 2017년 12월부터 2018년 11월까지의 수출을 2018년 12월부터 2019년 11월까지의 수출과 비교한 것인가? 또 1년 사이에 달러와 위안화의 환율이 상당히 많이 오르내렸는데 위안화를 기준으로 보아도 23% 감소한 것이 맞는가? 그리고 미국의 대중 수출은 어떻게 되었는가?

　　무역이나 이익이나 매출이나 이와 비슷한 모든 주제를 다룰 때는 숫자에 매몰되기 전에 먼저 그 전년도와 비교한다는 것이 무엇을 뜻하는지 생각해보아야 한다. 해당 연도의 수치가 특별하게 좋거나 나빴는가? 올해 23% 감소한 것이 작년에 과하게 증가한 것에 대해 예측된 반작용으로 감소한 것인가? 아니면 지난 몇 년 동안 하락해온 것인가?

　　우리 대부분은 그러한 질문에 대한 답을 찾을 시간이나 의향이 없지만, 그렇다고 하더라도 우리에게 주어진 숫자들이 이야기 전체를 보여주지 않을 수도 있다는 것을 알아야 한다. 특히나 선거철에는 정치인이나 광고주 등 다양한 사람들이 우리에게 영향을 미치기 위해 자신의 주장을 뒷받침하는 숫자들을 세심하게 골라서 제시한다……

　　루이스 캐럴이 말한 것을 살펴보자: '나는 길고 고통스러운 경험을 통해 다른 사람들의 사업을 관리하는 데 있어서 가장 훌륭한 원칙을 배웠다. 바로 누군가에게 자신감을 불어넣고 싶다면 많은 통계를 제시하면 된다는 것이다. 충분히 많은 양의 통계를 제시한다면, 그것들이 정확하거나 심지어는 이해하기 쉬운지는 중요하지 않다.'(루이스 캐럴, 『3년 동안 큐레이터직에 종사한 사람(Three Years in a Curatorship by One Whom It Has Tried)』, 1886) 사람들은 숫자가 넘쳐흐르는 것을 감지하면 비 오는 날 우산을 펼치듯이 숫자 우산(numbrella=number+umbrella)을 펼쳐서 숫자와 수식을 피하고 그것들을 땅에 버려두고 간다. 이 책은 사람들이 숫자 앞에서 멍해지는 것을 치유하고, 우리 앞에 수치와 통계량들이 주어졌을 때 적절하게 회의적인 자세를 유지하는 것을 목적으로 한다.

모든 과학은 미신, 경험주의, 그리고 마지막으로 수학의 3단계를 거치게 된다. 화학은 기원전 5세기에 엠페도클레스가 모든 것이 땅과 공기와 불과 물의 네 가지 원소로 구성되어 있다고 제안한 이론에 뿌리를 두고 있다. 중세의 연금술사들은 실험이라는 과정을 도입했고, 심지어 아이작 뉴턴조차도 물리학과 화학의 수학적 규칙을 찾을 때 자신을 연금술사라고 불렀다. 기원전 4세기 아리스토텔레스는 자식이 부모를 닮는 이유를 아이 엄마에게 두며 다음과 같이 설명했다. '만약 여자가 성적인 관계에서 남자를 진지하게 바라보고 그에게 마음을 고정한다면 아이는 아버지를 닮을 것이다. 설령 여자가 부정하더라도 남편에게 마음을 고정하면 친자식이 아니더라도 아버지를 닮아갈 것이다.'

어쩌면 이 잘못된 설명이 유전학의 토대를 마련했을지도 모른다. 유전학 분야는 1860년대에서야 아우구스티누스의 수도사였던 그레

고르 멘델이 완두콩을 실험적으로 개량하면서 경험주의적 시대에 들어섰다고 할 수 있다. 또한, 그 후 거의 한 세기가 지나서 DNA가 발견되고 나서야 유전학이 진정한 수학적 학문이 될 수 있었다.

영어에는 1834년까지 '과학자(Scientist)'라는 단어가 사용되지 않았고, '유전학'이 처음 등장한 것은 1872년이다. 그렇지만 과학자라는 단어가 사용된 후 현대 과학의 발전과 대중의 과학 의존도가 높아지고 있음에도 불구하고, 너무나도 많은 사람이 이 모든 것을 설명할 수 있는 수학적 영역으로의 모험을 시도하지 않고, 미신의 영역에 머무르면서 가끔만 경험주의 실험적 방법에 접근하는 것에 만족하고 있다. 설령 이해하고 싶더라도 수학의 추상화의 벽에 막혀서 수학적 영역은 금지 구역이 되고 만다.

내가 생각할 때 정말 문제는 우리가 언어를 처리하는 속도와 숫자를 처리하는 속도가 다르다는 것에 있다. 우리가 언어를 처리하는 속도는 매우 빠르고 그에 비해 숫자를 처리하는 속도는 느리기 때문에, 숫자가 나오게 되면 그것을 이해하고 받아들이기 위해서 속도를 줄여야 하지만, 그렇게 하기를 주저하는 것이다. 일반적으로 수학과 숫자들은 뉴스나 정책 관련 서류에 포함된 단순한 장식품이 되어, 말한 내용에 무게가 실린 것처럼 보이게 하고 과학적인 타당성을 전달하는 느낌을 주도록 사용되고 있다.

3보다 큰 숫자를 표현하는 단어가 없는 원시 사회에 대한 보도를 듣고 '하나, 둘, 셋, 많음'은 숫자를 세는 방법이 아니라고 웃을 수도 있지만, 우리 사회 역시 큰 숫자에 대한 문제가 있다. 우리 대부분은

4나 5 또는 수백 수천까지의 숫자는 제대로 이해하고 있지만 수십억 또는 수조에 다다르면 멍해지게 된다. 도대체 10억과 1조의 차이는 무엇일까? 영국의 국가 부채가 1조 8,000억 파운드가 넘는다는 소식을 들으면 그냥 '많은 수'라고 간주하게 된다. 1조 8,000억 파운드가 모든 사람이 각각 2만 7,000파운드가 넘는 빚을 진 셈이라는 사실을 알게 될 때에야 우리는 그 숫자가 얼마나 많은지 이해하기 시작한다.

나는 이 책을 통해 우리가 매일 접하는 수치와 공식들의 이면에 있는 몇 가지 개념들과 그 개념들 이면에 있는 몇 가지 수학을 설명하고자 한다. 우리는 정치인들과 광고주들이 통계를 사용해 사실을 오도하는 모호한 방식과, 영화 대본 작가와 언론이 카오스 이론과 같은 아름다운 수학적 아이디어를 우리에게 전달하기 위해, 어떤 끔찍한 방식으로 단순화하고 결과적으로 잘못된 개념을 전달하는지를 살펴볼 것이다.

이 책이 전하고자 하는 기본적인 메시지는, 수학은 우리 수변의 세계를 이해하고 삶의 문제에 대해 합리적인 접근 방식을 채택하는 데 필요한 아름다운 도구라는 것이다. 나는 이 책이 독자들이 자신이 떠올릴 수 있는 수치에 대한 두려움을 극복하는 데 도움이 되길 바란다. 그후에는 삶에서 숫자와 통계와 수학 기호의 홍수에 휩쓸릴 때 숫자 우산을 펴지 않고 모든 숫자를 열린 마음으로 환영하게 될 것이다.

이 책의 많은 아이디어는 실제로 바다코끼리에 관한 생각에서 시작되었다. 어린 시절부터 수학을 공부하고 체스를 두는 데 시간을 너무 쏟았던 내 삶에 바다코끼리가 뛰어들었다. 어린 시절을 그렇게 보낸 후 나는 나머지 세계에 관심을 가지기 시작했고 따라서 신문을 읽기 시작했다. 그때 나는 대다수 사람이 숫자에 대해 수학자들과는 다른 반응을 보인다는 것을 발견했다. 뉴스 기사에서 통계나 기타 수치에 대한 데이터를 접할 때마다 잠시 멈추어 그것이 무엇을 뜻하는지 생각해보았고, 그러한 질문은 대개 불만족스럽거나 곤혹스럽다는 느낌을 받았다. 보통 그러한 숫자들을 평가하기는커녕 이해하기도 충분하지 않은 설명이 곁들어져 있었다.

나는 신문 기사를 작성하는 기자를 포함한 대부분 언론인과 거의 모든 독자가 기사의 숫자들을 배경 장식으로 보고, 그 숫자들이 기사에서 말하는 내용을 뒷받침한다고 믿고, 그것에 대해 고려해보지 않고 흘려보내는 것을 알게 되었다. 즉, 독자들은 숫자에 무감각하게 반응하는 방식으로 안심하게 된다는 것이다. 하지만 나는 바다코끼리에 대한 글을 읽으면서 안심할 수 없었다.

영국의 여러 신문에 실린 이 이야기는 2003년에 〈BMC Ecology〉 저널에 「자유 방목 상태에 있는 바다코끼리의 먹이 행동, 오른발 지느러미 사용에 관한 연구」라는 제목으로 발표된 흥미로운 연구에 기반한 것이다. 모든 기사는 논문에 실렸던 '바다코끼리는 89%의 경우 오른발 지느러미를 사용했다'라는 한 문장을 보도했지만, 그 문장에 대한 해석은 각기 달랐다.

어떤 기사들은 바다코끼리의 89%가 오른발잡이인 것이 사람의 오른손잡이 비율과 거의 같다는 사실에 대해 언급했다. 다른 기사들은 이 연구가 모든 바다코끼리가 오른발잡이라는 것을 확인했으며, 바다코끼리가 89%의 경우에 오른발 지느러미를 사용했고 11% 경우에만 왼발 지느러미를 사용했다고 보고했다.

그 둘 중 어느 것이 사실인지도 알고 싶지만, 나는 바다코끼리와 사람 모두에게서 오른쪽잡이의 비율이 89%라는 숫자에 흥미를 느꼈고, 이 수치가 진짜인지에 대해 자문했다. 만약 89%의 바다코끼리가 오른발잡이라면 정말 89%의 경우에서 오른발을 사용할 것으로 예상할 수 있을까?

빠르게 계산해본 결과 놀랍게도 그렇지 않다는 것을 알 수 있었다. 이 문제를 간략화해서 살펴볼 수 있도록 몇 가지 합리적인 가정을 내려보자.

사람의 오른손잡이에 대한 다양한 연구에서 나타난 비율은 약 85%에서 92% 사이로 약간씩 다르지만, 계산을 단순하게 하려고 90%의 사람이 오른손잡이이며 90%의 경우에 오른손을 사용한다고 가정해보자.

그렇다면 오른손잡이 90명과 왼손잡이 10명이 있는 표본을 살펴보자. 각각 10번씩 손을 사용하는 행동을 하게 될 때 오른손잡이는 오른손을 9회 왼손을 1회 사용하고 왼손잡이는 그 반대로 사용한다. 따라서 오른손잡이 90명은 오른손을 총 810번 왼손을 90번 사용했고 왼손잡이 10명은 왼손을 90번 오른손을 10번 사용했기 때문에, 100명이 행동을 1,000번 할 때 오른손은 820번을 사용하고 왼손은 180번을 사용했을 것이다. 역설적이게도 9:1의 오른손·왼손잡이 비율을 가정했는데, 실제 관측된 사용 횟수는 82:18의 비율이 발생했다. 그러니 바다코끼리와 사람의 오른손·왼손잡이 비율은 같다고 할 수 없다.

나는 이 바다코끼리 기사들의 근거가 된 논문을 읽었고 저자 중 한 명에게 연락해서 그 결과가 실제로 무엇을 나타냈는지 물었다. 이 연구는 그린란드에서 먹이를 먹는 바다코끼리의 비디오 영상을 기반으로 한 것으로 밝혀졌으며, 각 비디오를 일정한 길이로 자른 뒤 각 영상에서 어떤 지느러미를 사용하는지에 대해 조사한 것이다. 그중 한 쪽의 지느러미를 다른 쪽보다 더 먼저 사용되는 영상들만 분석에 포함해 89%라는 수치가 나오게 되었다. 연구에서 관찰한 바다코끼리의 수는 알려지지 않았지만, 연구원들은 최소 다섯 마리라고 말해 주었다.

하지만 바다코끼리 다섯 마리는 유의한 표본을 구성하지 않으며 (이 책의 뒷부분에서 표본 크기와 유의성에 대해서 다룰 것이다) 연구자들이 말한 것처럼 추가적인 연구가 분명히 필요한 것으로 보인다.

안타깝게도 캐나다의 노바 스코샤에서 17세기 바다코끼리의 뼈대를 통해 엄니를 조사해, 그들이 주로 왼발잡이였을 가능성이 있다고 결론을 내린 2014년의 보고서 이외에는 다른 자료를 찾지 못했다. 바다코끼리가 어느 발잡이인지는 아직 미스터리로 남겨져 있지만 적어도 우리는 관찰 또는 실험 결과에 대해 어떤 질문을 던져야 하는지 조금 더 잘 알게 되었다.

하지만 마지막으로 조금 헷갈릴 만한 내용을 추가로 더 전달하고자 한다. 바다코끼리에 대한 글을 쓰기 위해 정보를 찾던 중 바다 생물의 손 사용에 관한 연구를 발견했다. 2019년 11월 말 〈가디언〉은 「대부분 돌고래는 "오른손잡이"라는 연구 결과」*라는 제목으로 새로 발표된 연구를 소개했다. BBC 월드 서비스 또한 같은 표현을 사용했고 다른 미디어들 또한 연달아 그 행렬에 동참했다. 하지만 돌고래에게 손이 없다는 명백한 사실 외에는 그 논문의 결과는 그들이 말하는 것만큼 분명하지 않다.

이 연구를 기반으로 한 논문이 2019년 11월 〈왕립 학회 오픈 사이언스〉 학회지에 「병코돌고래의 먹이 찾기 과정에서 나타나는 행동적 편측성」이라는 제목으로 실렸다. 이 연구는 바하마의 비미니에서 돌고래의 먹이 찾기 행동을 관찰한 결과를 다룬다. 저자들이 설명하는 이 먹이 찾기 행동은 돌고래들이 바다 바닥을 느리게 헤엄치면서 에코 로케이션을 사용해 잠재적인 먹이를 찾는 것이다. 먹이를 찾게 되면 즉각적으로 반응하면서 부리를 해저 바닥에 박아서 먹이를 파낸다.

최소 돌고래 27마리가 709번 회전한 것을 분석한 결과, 저자들은 705번 왼쪽을 향해 돌았으며 오른쪽 눈이 아래를 향해 있었다고 보고했다. 또한, 오른쪽으로 돌았던 회전은 모두 같은 돌고래에서 발견된 것으로, 그 돌고래는 오른쪽 지느러미가 비정상적인 모양이었기 때문에 그것이 회전 행동에 영향을 미쳤던 것으로 보인다.

---

* 'Most dolphins are "right-handed", say researchers'

이 연구에 대한 뉴스 보도는 왜 돌고래가 주로 좌회전했던 것이 오른손잡이라는 것을 의미하는지는 다루지 않았지만, 연구원들은 이전 연구에서 돌고래의 오른쪽 눈 시력이 더 낮다는 것을 발견했고, 오른쪽 입술에서 발생하는 에코 로케이션이 더 정확하다는 것을 지적했다.

따라서 돌고래가 먹이가 있는 곳에서 얼굴을 오른쪽 아래로 향하게 하는 것이 합리적일 수도 있지만, 그렇게 한 상태에서 오른쪽으로 회전하는 것이 왼쪽으로 회전하는 것보다 더 어려운 이유가 있을까?

연구자들이 지적한 것처럼 많은 동물이 한쪽을 다른 쪽보다 더 선호하는 것으로 나타났다. 침팬지와 고릴라는 상당히 오른손 편향적이지만 오랑우탄은 주로 왼손잡이다. 순록 무리는 반시계방향으로 원을 그리며 기린은 다리를 벌릴 때 왼쪽 다리를 먼저 움직이는 경향이 있다. 그러나 사자, 박쥐, 닭, 앵무새와 두꺼비를 포함한 더 많은 종의 경우 개별 개체는 오른쪽 또는 왼쪽 팔·다리를 사용하는 것을 선호하지만 종에 걸쳐서 유의한 편향성이 나타나지는 않았다.

많은 연구가 신생아가 고개를 오른쪽으로 돌리는 경향이 더 크다는 것을 밝혔고, 일부의 사람들은 이것은 일부분 우리가 오른손잡이인 것에서 기인한다고 받아들인다(선호 근육이 발달하는 것의 징후일지도 모른다). 하지만 나는 왜 아이가 오른쪽으로 머리를 돌리는 것이 오른손잡이 편향을 나타내지만, 돌고래의 경우 왼쪽으로 회전하는 것이 오른손잡이 편향을 나타내는 것인지 명확하지 않다고 본다.

북극곰은 오른발과 왼발을 똑같이 사용한다는 저명한 연구에도 불구하고, 많은 퀴즈 집이나 놀라운 '사실'이라는 이름의 자료에서는 북극곰은 '왼발잡이다'고 널리 알리고 있다. 이러한 허위 정보는 한 미국의 원주민 족장이 북극곰이 왼발(선호하는 발)로 때리기 전에 오른발로 코를 가리고 있었다는 단 한 번의 관찰 결과에 기원한다. 이전에 다룬 연구에서 바다코끼리 다섯 마리는 작은 표본이었지만 북극곰 한 마리는 훨씬 더 극단적으로 작은 표본의 예시다.

CHAPTER 1

우리의 수명

어떻게 기대 수명이 우리의 기대치와 혼동되는가

—

여호와여 나의 종말과 연한이
언제까지인지 알게 하사 …

- 시편 39:4, 『성경』

우리 수명을 추정하는 것은 생명 보험과 연금 보험을 기획하는 데 필수적인 부분이지만, 기대 수명 계산은 대부분의 사람이 생각해보지 않은 부분이다. 더구나 이것에 대해 생각해본 사람 중에서도 그것을 제대로 이해하는 사람은 거의 없다.

생명은 언제나 죽음으로 종결된다: 100% 사람들 모두 죽는다. 그렇지 않은 사람들이 있는가? 자신이 하는 말을 생각하기 위해 잠시도 멈추지 않는 사람들은, 오늘날 살아가는 사람들이 이제까지 죽었던 모든 사람보다 더 많다고 주장한다. 말도 안 되는 말이다. UN의 추정에 따르면 현재 지구에는 77억 명이 넘는 사람들이 있다. 대부분의 시대에서 인구 데이터가 없거나 설령 있더라도 정확하지 않기 때문에 과거에 살았던 사람의 숫자를 추측하기조차 어렵지만, 아래의 표는 인구가 특정 숫자에 도달한 년도에 대해 그럴듯하게 추정했다.

년도	세계 인구(명)
2011	70억
1999	60억
1987	50억
1974	40억
1960	30억
1927	20억
1804	10억
1700	6억 1,000만
1600	5억
1500	4억 5,000만
1400	3억 5,000만
1100	3억 2,000만
800	2억 2,000만
600	2억

이 수치에 따르면 서기 600년에서 1100년 사이의 500년 동안 10억 명(5×2억)이 훨씬 넘는 사람들이 죽었다고 추정할 수 있다. 1100년에서 1400년 사이에 또 다른 10억 명이 사망했고 1400년에서 1800년까지 20억 명이 넘게 사망했을 것이다. 1804년에 살아있는 10억과 1927년에 살아있는 20억을 더하면 이미 70억을 훨씬 넘은 것을 볼 수 있다.

호모 사피엔스 종은 약 5만 년에서 30만 년 전에 생겨났다는 것을 생각해볼 때, 이제까지 살았던 사람들의 숫자에 엄청나게 많은 사람이 추가될 수 있을 것이다. 호모 사피엔스 역사 초기의 인구와 평균 수명에 대해서는 짐작만 할 수 있지만 다양한 측면을 고려해 예측한 경우, 이제까지 1,080억 명의 사람들이 살았을 것이라는 결론에 도달했다. 즉, 오늘날을 살아가는 사람들은 이제까지 살았던 모든 인구의 14분의 1 정도라는 것을 의미한다.

긍정적으로 생각해보면 이 수치는 이제까지 태어난 모든 사람 중 14명당 13명만 사망했으며 우리는 살아남은 1명에 속한다고 할 수 있는데, 반복적으로 운 좋은 1명에 속하면 영원히 살 가능성이 있다는 것을 뜻하지 않을까?

물론 그렇지 않다. 100년만 기다려보면 우리는 모두 죽고 위의 인구 데이터에 속할 것이다. 바로 여기에서 기대 수명을 추정하는 진짜 문제가 나타난다.

의료 통계를 열성적으로 사용하는 사람들은 종종 완전한 데이터를 갖추는 문제를 무시한다. 예를 들어, 유방암으로 인한 사망이 매년 거의 2%씩 감소하고 있다는 근래의 보고서에서 무엇을 알 수 있을까? 모든 사람은 죽기 때문에 유방암으로 인한 사망이 감소한다면 다른 원인으로 인한 사망이 증가한다는 것을 뜻하고, 그러한 감소와 증가는 서로 같아야 한다. 하지만 조기 사망이 줄었다는 것은 다른 것을 의미한다. 영국의 경우 출생 시 기대 수명이 79.6세인데 이것은 무엇을 의미하는가? 영국인의 평균 사망 연령이 79.6세라는 말은 아니다. 지금 79세인 사람들은 오늘 태어난 것이 아니라 79년 전에 태어난 것이기 때문이다.

오늘 태어난 사람의 기대 수명을 예측하기 위해서는 다음 세기에 의료 서비스가 어떻게 발전할지를 예측해야 한다. 79.6이라는 수치의 그럴싸한 정확성은 여러 가정을 토대로 한 계산에 기반하는데 이런 가정 중 상당수는 정당화하기 쉽지 않다. 그러나 이러한 기대 수명 수치는 일단 발표된 후에는 연금 기금이나 정부 계획에 엄청난 경제적 영향을 미친다. 오늘날의 기대 수명 계산에 대해 다루기 전에 이 계산이 어떻게 시작되었는지 그 처음으로 돌아가보자.

기대 수명 표와 유사한 형태로 알려진 가장 오래된 데이터는 AD 220년경 로마 법학자인 울피아누스가 수집해 출판한 것이다. 당시 법학의 권위자로서 많은 존경을 받았던 그는 다음과 같은 과세·상속세 지급 시스템을 제안했다. 모든 유산에 대해 약 5%의 사망세가 부과되며, 나머지 95%는 현대의 연금과 유사한 방식으로 규정된 비율로 유산 수령인에게 연간 지급금의 형태로 지급한다. 그러나 올바른 비율을 결정하기 위해 수혜자의 기대 수명을 추정해야 했고 울피

외삽법(Extrapolation)

과거에는 미래를 예측하기 위해 하늘의 별을 보거나 타로카드를 살펴보거나 찻잎이나 동물 내장의 패턴을 찾아봤다. 이제 우리는 많은 양의 자료를 수집해서 그래프를 만들고 거기에서 패턴을 감지하며 이러한 패턴이 미래에도 계속될 경우 어떤 일이 발생할지 파악한다. 이것이 바로 외삽법이다. 전체적으로 타로카드나 내장 패턴보다 더 신뢰할 수 있는 결과를 볼 수 있지만, 기대 수명 수치에서 나타나듯이 미래를 예측하려는 시도는 정확한 절차와는 거리가 멀다. 결국에는 미래에 얼마나 발전할지 추정할 수는 없다.

때때로 통계학자들, 특히나 매우 신중한 성향의 통계학자들은, 미래 추세에 대한 의견을 예측이 아닌 투영(projection)이라고 부른다. 통계에 기반한 예측은 항상 미래가 현재와 거의/어느 정도 같은 방법으로 작용할 것이라는 가정하에서 이루어진다. 그 점을 강조하는 '투영'이라는 용어의 관점에서 볼 때 미래의 의료 발전을 추론하려는 시도는, 경험 또는 지식에 기반한 추측에 불과하다.

아누스가 그 수치들을 제시했다.

그가 어디에서 이 수치들을 가져왔는지는 알려지지 않았고 그 값들의 신뢰성과 계산에 사용된 통계적 방법에 대해 크게 의구심이 들지만, 이 수치에 따르면 태어난 시점에서 여성의 기대 수명은 22.5년이고 남성은 20.4년이다. 하지만 30대 후반에 다다르면 추가 기대 수명을 20년 더하고, 60세가 되면 다시 또 5년을 추가로 더해 기대 수명을 구할 수 있다.

울피아누스는 근위대의 특권을 축소해서 빈축을 샀고, 몇 년 후인 서기 223년 군대와 근위대 사이에서 발생한 폭동 중에 살해당해 50대 초반에 생을 마쳤다.

울피아누스 이후 수백 년간의 로마 제국 역사에서 수명 예측은 이루어지지 않았다. 그보다 더 유의하게 나은 모델은 17세기 영국인이자 지구 내의 것보다는 천체학 관측으로 더 잘 알려져 있고, 영국의 두 번째 왕실 천문학자로 임명되었던 에드먼드 핼리가 제안한 것이다.

자신의 이름을 딴 혜성을 발견하고 76년 주기를 정확하게 예측했던 것과는 별도로 핼리는 어린 시절부터 여러 과학 분야에 엄청난 공헌을 했다. 그는 16세에 옥스퍼드에 있는 퀸스 칼리지에 입학했고 학부생 시절에 태양의 흑점과 태양계에 관한 논문을 발표했다. 4년 만에 학위를 받지 않고 옥스퍼드를 떠나 세인트헬레나 섬에 천문대를 세웠다. 이후 22세에 옥스퍼드에서 석사 학위를 받았고 영국 학회의 특별연구원으로 선출되었다. 1742년 의사의 권고에도 불구하고 와인 한 잔을 마신 뒤 86세의 나이로 사망했다.

1693년 핼리는 오스트리아의 브로츠와프(현재 폴란드의 브로츠와프)에서 일하면서 기대 수명 과학에 크게 기여했다. 그는 그곳에서 마을의 5년 단위 연간 출생자 수와 사망자 수와 그 사망자들의 성별과 나이를 기록한 데이터를 발견했다. 브로츠와프는 바다에서 멀리 떨어진 작고 끈끈한 공동체였고 5년간의 출생자 수가 사망자 수와 거의 같았는데, 그는 이곳을 떠나거나 새로 들어오는 사람의 숫자가 사망이나 출생에 비해 작을 것이라고 가정했다. 즉, 기록이 정확한 수치를 제시하지는 않지만 총인구 숫자가 일정하게 유지된다는 것을 뜻하고, 그 가정을 통해 지대한 영향을 가져올 결론을 도출할 수 있었다.

그가 사용한 방법은 간단했는데 출산율이 일정하다는 가정을 통해 아무도 죽지 않았을 경우 모든 연령대에 살아있을 사람의 수를 알 수 있었고, 낮은 연령의 사망률을 곱해 얼마나 많은 사람이 아직 살아있는지를 계산할 수 있었다. 이 기법을 통해 특정 연령의 개인이 다음 생일까지 살 확률을 계산할 수 있었다. 예를 들어, 그의 표에 따르면 브로츠와프에 사는 25세의 수는 567명이고 26세의 수는 560명이었으므로, '25세의 사람이 다음 1년 동안 죽을 확률은 560분의 7 또는 80분의 1이라고 할 수 있다. 즉, 25세인 567명 중 1년간 7명이 죽고 560명이 남은 것이다.'

핼리는 출생 시의 기대 수명을 구체적으로 계산하지 않았지만, 그의 수치에 따르면 약 50%의 사람들이 34세 이전에 사망했음을 알 수 있다. 그는 합리적인 연금 요율을 계산하는 데 상당한 지면을 투자했고, 이는 그의 보고서 제목에서 잘 드러난다. 「인류의 사망률의 추정치; 브로츠와프시의 출생과 장례식에서 도출; 연금 금액을 확인하려는 시도」

사실 이러한 측면에서 핼리의 작업의 이면에는 연금을 매각해서 프랑스와의 전쟁 자금을 마련하려는 영국 정부의 정책이 큰 동기가 되었음이 분명하지만, 영국 정부는 고대 로마 울피아누스의 것보다 훨씬 덜 정당한 연금 요율을 책정했다.

영국 정부는 어떤 시점에서는 7년 만에 연금 전액을 지급했다. 그 기간이 14년으로 두 배가 되었을 때도, 연금 수령자의 나이는 연금 가격 책정에 고려되지 않았다. 오늘날의 연금 요율은 사망률 표에 기반해 책정되며, 개인이 근로하는 기간 동안 축적한 투자 총액을 이후 매년 일정 금액으로 지급한다. '연금(annuity)'이라는 단어는 라틴어로 '연도'를 의미하는 annus에서 유래하고, 연간 받게 되는 금액은 구매자의 나이와 기대 수명에 따라 달라진다. 17세기 경제학자인 윌리엄 페티와 통계학자인 존 그랜트가 핼리보다 약 30년 전에 런던의 사망률 표를 작성하기 위해 노력했지만, 런던의 경우 브로츠와프의 데이터처럼 정확하게 기대 수명을 계산할 수는 없었다. 따라서 그들의 표는 재정적 결정을 내리는 데 제한적으로만 도움이 되었다. 하지만 그들의 공헌이 없었더라면 핼리는 그가 했던 방식으로 데이터를 사용할 생각을 하지 못했을지도 모른다.

오늘날에도 통계학자들은 여전히 핼리가 도입한 기본 기술에 의존하고 있지만, 빠르게 변하는 현대 생활에 걸맞게 몇 가지 중요한 부분들을 수정하고 추가했다.

영국 통계청에 따르면 영국 남성의 평균 기대 수명은 87.6년이고 여성의 경우 90.2년이라고 한다. 이것은 정확하게 무엇을 의미하며 어떻게 계산한 것일까?

기대 수명은 정확히 우리가 살 것으로 기대할 수 있는 기간이라고 생각할지도 모른다. 하지만 실제로는 전혀 그렇지 않다. 또한, 사람이 죽은 나이의 평균이나 중앙값(절반의 사람은 그 이전에 죽고 절반은 그 이후

데이터의 중간: 평균, 중앙값, 최빈값?

'데이터의 중간을 뜻하는 평균(Average)'은 일반적으로 사용되는 세 가지의 수학적 평균이 있으므로, 잠재적으로 오해의 소지가 있는 용어다: 평균(mean), 중앙값(median), 최빈값(mode). 보통 평균이라는 용어 아래에 이 세 가지 중 어떤 것을 사용했는지는 잘 명시되지 않지만 때로 큰 차이를 만들 수 있다.

대부분의 사람이 어떤 숫자들의 평균을 말할 때는 모든 수를 더한 뒤 수의 개수로 나누는 평균(mean)을 말한다.

중앙값의 경우 모든 값을 가장 작은 값에서 가장 큰 값으로 정렬했을 때 중앙에 있는 값을 뜻한다.

마지막으로 최빈값(모드 또는 모달 값)은 그룹에서 가장 많이 나타나는 값이다.

2019년 영국에서 사망한 남성들의 평균(mean) 나이는 79세였다. 사망한 사람들의 나이의 중앙값은 82세였다(즉, 82세 이전에 사망한 숫자와 82세 이후에 사망한 숫자가 서로 같다). 가장 많이 사망한 나이는 85세였다(여성의 경우 이 세 가지 평균이 모두 3씩 높았다).

1840년대까지 매우 높은 영아 사망률로 인해 영국에서 사망한 사람들의 나이의 최빈값은 0이었다. 놀랍게도 대부분의 선진국마저 20세기 전반까지는 첫돌 전에 죽는 사람의 숫자가, 그 이후에 죽는 사람의 숫자보다 더 많았다.

에 죽는 나이)이나 최빈값을 말하지도 않는다. 잠시 후에 기대 수명이 무엇을 뜻하는지 알아보기 전에 우선 몇 가지 수치들을 살펴보자.

2016~2018년 3년 동안 영국의 사망 시 평균 연령은 남성의 경우 79.3세였고 여성은 82.9세였지만, 사망한 나이의 중앙값은 남성의 경우 82.5세였고 여성의 경우 85.9세였다.

언뜻 보기에 평균과 중앙값이 다른 것이 이상하게 느껴질 수 있지만, 데이터의 특성을 고려할 때 이것은 예측되는 차이다. 사람들이 죽는 나이는 0에서 위로 퍼지고, 낮은 숫자는 평균을 끌어내리는 데 큰 영향을 미친다. 사람들은 평균에 도달하기 80년 전에 사망할 수 있지만, 평균에 도달한 사람이 80년을 더 사는 것은 불가능하다. 중앙값의 경우 모든 사망 나이를 같이 취급해 계산하기 때문에 평균보다 높게 된다.

이러한 현상은 가장 사망 가능성이 큰 연령 또는 가장 많이 사망하는 연령을 나타내는 최빈값에서 더 두드러지게 나타난다. 2018년 영국 남성의 사망 연령 최빈값은 86세였고 여성의 경우 88세였다. 남성과 여성의 평균 사망 연령 차이는 최빈값의 경우 2에 불과하지만, 중앙값은 3.4이고 평균은 3.6에 달하게 되는데 이것은 주로 남성의 유아 사망률이 더 높기 때문으로 보인다.

1974년 영국의 사망률 수치를 보면 여성의 경우 최빈값이 81세, 남성은 74세로 7년의 차이가 난다. 그 이후 차이가 많이 감소한 것은 남성의 근로 조건 개선과 상당한 흡연의 감소가 남성의 수명을 많이 증가시킨 것으로 보인다.

이 모든 수치가 지난 반세기 동안 크고 꾸준하게 개선되는 것으로 보였지만, 남성에게 있어 가장 큰 변화는 가장 많은 사람이 사망한 연령을 뜻하는 최빈값에서 드러난다. 1967년의 최빈값은 67세였으며, 그다음 해에는 72세로 증가했고, 1969년에는 74세로 증가해, 2000년대까지 70대 중반에 위치하다가 79세로 증가한 후, 그다음 해에는 80세로 증가하고 이후 천천히 증가해서 최근에는 86세까지 증가한 것으로 나타난다⋯⋯.

가장 주목할 만한 점은 1966년까지 영국 남성의 사망 연령 최빈값이 0이었다는 것이다. 이것은 생후 1년이 되기 전에 죽는 남아의 수가, 이후 수십 년간 사망하는 수보다 더 많다는 것을 뜻한다. 여전히 정확한 이유는 알 수 없지만, 여아가 남아보다 더 높은 생존율을 보인다. 영국 여성의 사망 연령 최빈값은 1940년대 이전에는 0을 기록하고 그 이후로는 다시 0이 되지 않았다.

그러나 사람들에게 그들의 사망 연령 최빈값 또는 가장 사망할 확률이 높은 나이가 0이라고 말하는 것은 절대 바람직하지 않다. 에드먼드 핼리를 시작으로 신뢰할 수 있는, 유용하면서 우울하지 않은, 수치를 제공하기 위해 더 유용한 기준들이 개발되었다. 일반인들이 이러한 조치를 이해할 수 있는지는 또 다른 문제다.

보험 계리사가 연금이나 퇴직 연령과 같은 문제에 관해 장기간의 계획을 세워야 하는 정부나 생명보험회사들이 사용하도록 만드는 생명표는, 다양한 나이에서의 기대 수명을 제시하는 형태로 이루어져 있다. 영국의 통계청은 모든 사람이 자신의 성별과 나이를 넣어 기대 생명을 알아볼 수 있도록, 온라인으로 계산기를 사용할 수 있게 했다. 예를 들어, 73세의 남성은 자신의 기대 수명이 87세라는 것을 알 수 있고 이것은 45세 여성의 기대 수명과 같다. 97세 여성의 경우 100세까지 살 확률이 절반 정도 된다고 할 수 있다.

이 수치들을 보면 실제 문제가 빠르게 드러난다. 바로 미래를 내다보아야 한다는 것이다. 73세의 남성과 97세의 여성의 경우에는 고작 14년과 3년을 내다보면 되기 때문에 추정치가 크게 벗어나지 않을 확률이 높지만, 45세의 여성은 42년 후까지를 예측해야 하므로 어떤 전 지구적 재난이나 의료 혁신이 일어나서 기대 수명을 크게 바꾸게 될지 전혀 알 수 없다는 문제가 있다.

따라서 영국 통계청은 이러한 수치가 '예측'이 아닌 '투영'이라고 강조한다. 그러한 사실은 이것은 현재의 데이터를 미래에 투영한 것으로 두 가지 방법을 통해서 이루어진다는 뜻이다.

첫 번째는 '기간 기대 수명'이라고 부르며 둘 중 더 간단하지만, 정확도가 떨어지는 방법이다. 기간 기대 수명은 현재 데이터로 계산된 생존율이 그 사람의 남은 생애에 걸쳐 유지될 것이라는 가정하에 계산에 사용한다. 이것이 본질적으로 핼리가 브로츠와프에서 한 것이다. 어떤 해에 아이가 몇 명 태어나고 또 그중 몇 명이 1년간 생존했는지를 안다면, 그것을 사용해 태어난 어떤 아이가 0세에서 1세까지 생존할 확률을 계산할 수 있는 것이다. 마찬가지로 첫돌에 살아남은 아이 중 몇 명이 두 돌, 세 돌까지 살아남는지를 관찰해 해당 확률을 구할 수 있다. 이러한 방법으로 태어난 사람 중 50%가 사망한 나이에 이르게 되면 그 나이가 바로 기대 수명으로 간주된다.

이러한 방식으로 계산한 기대 수명은 정확하고 현재 데이터에 기반하지만 향후 사망률이 바뀔 가능성에 대해서는 고려하지 않는다.

코호트 기대 수명이라고 불리는 두 번째 방법은 더 복잡하고 현실적일 가능성이 크지만, 미래의 역사적 추세가 얼마나 오래 지속할 것인지에 대한 특정한 가설들을 세워야 한다. 그러한 판단은 항상 주관적인 요소를 가지기 쉽다는 단점이 있다.

2020년에 태어난 사람의 코호트 기대 수명을 평가하기 위해서는, 이상적으로는 그 사람이 첫돌까지 살 확률과 2021년에 1세인 사람이 2세까지 살 수 있는 확률을 알아야 한다. 이 과정은 2022년에 2세가 3세까지 살 확률을 알아야 하는 것처럼 계속해서 반복된다. 물론 우리는 그러한 수치를 알지 못하지만, 과거의 값은 가지고 있다. 이 방법의 이름에 들어간 '코호트'는 같은 해에 태어난 사람들을 뜻한다.

브로츠와프에서 핼리의 가정은 이러한 확률이 안정적이어서 변하지 않기 때문에, 기간 기대 수명이 (현재 추세가 변하지 않으리라고 가정) 코호트 기대 수명과 (사망률의 변화를 고려) 같을 것이라고 가정했다. 수명이 늘어나면서 사람들의 생활 양식이 바뀌었고, 엄청나게 생명을 연장시킨 의료 개선 덕분에 영아 사망률이 극감한 부분들을 고려해서 수치를 계산해야 한다. 바로 여기에서 매우 영리한 계산 방식이 도입된다.

통계청의 에드워드 모건은 2019년 12월 발표에서 다음과 같이 설명했다.

2018년 기준으로 25년이 되는 해인 2043년 이후부터 남성과 여성 대부분의 연령대에서 사망률을 1.2% 감소하는 것을 목표로 한다. 현재 사망률 개선율과 목표율 사이를 내삽법(interpolation)으로 각 연도의 개선율을 구했고 이후 그것을 사용해 각 연도의 사망률을 투영했으며 다시 그 사망률을 통해 기대 수명을 산출했다.

즉, 그들은 이전 몇 년간 사망률이 개선된 비율을 살펴본 후 그 것에 따라 2043년 이후에는 1.2%가 개선되었을 것이라 투영한 뒤, 2018년과 2043년 사이의 25년의 공백을 매끄럽게 채우고 그 수치를 사용해 기대 수명을 계산한 것이다.

이 개선율에 따른 코호트 기대 수명은 자연스럽게 기간 기대 수명 방식보다 더 큰 값을 산출하는데, 어떤 이는 연간 1.2% 개선이 잘 못되었다며 실제로는 25년 이후 연간 1.9%의 개선이 이루어질 것이라고 주장하기도 했다. 또 어떤 이는 개선이 이루어지지 않을 것이라고도(0%) 주장했다. 이에 따라 2043년에 태어난 남성의 기대 수명은 각각 80.9년, 90.4년, 96.3년이고 여성의 기대 수명은 84.1년, 92.6년, 98.1년이다.

일반적으로 1950년에 태어난 사람들의 기간 기대 수명과 코호트 기대 수명은 약 9~10년 정도 차이가 났다.

정말 문제가 되는 점은 계산 시스템이 아무리 자세하더라도 막 태어난 남아의 기대 수명이 87.6년이라고 말하는 것은 거의 90년의 미래를 예측하는 것이기 때문에, 그렇게 정확한 수치를 제시하는 것이 정당한지에 대한 의문이 제기된다는 점이다. 소수점 하나는 1년의 10분의 1을 나타내니 이것은 한 달이 조금 넘는다. 하지만 UN 데이터의 경우 소수점 둘째 자리까지 기대 수명을 제시하는데 이것은 약 3~4일 이내의 정확도를 의미한다. 이것은 거의 한 세기 앞을 내다보는 그럴싸하게 인상적인 주장이라고 할 수 있다.

마지막으로 기대 수명의 주제를 마무리 짓기 전에 오래전 인간의 수명에 관한 주장과 그로부터 발생하는 오해를 파악해보고자 한다.

지난 세기에 전 세계의 기대 수명이 유독 많이 늘어난 것은 의심할 여지가 없다. 수명에 대한 정확한 기록은 19세기 중반쯤부터 보관되기 시작했기 때문에 수 세기 전의 평균적인 사람이 얼마나 오래 살았는지 어느 정도 확실하게 말하기는 어렵다. 하지만 모든 가능한 증거들은 먼 과거가 아닌 1800년대까지도 인간의 기대 수명이 40세 이하였을 것이라고 말한다.

그 말을 들었을 때 우리는 많은 사람이 30대 또는 40대에 사망했고 현재 우리가 노인이라고 간주하는 연령에 도달한 사람이 극소수라고 생각하는 함정에 빠지지 말아야 한다. 왜냐하면 낮은 기대 수명에 가장 크게 기여한 것은 영유아 사망률이기 때문이다. 1950년 말에도 전 세계 아이의 16%가 첫해에 사망하고, 27%가 15세가 되기 전에 사망한 것으로 추정된다. 의료분야가 엄청나게 발전한 덕분에 이 수치는 이제 각각 2.9%와 4.6%로 감소했다.

1851년 잉글랜드와 웨일스의 경우 10세 이전 사망률이 30%에 달했지만, 10세까지 살았을 경우 상당수가 60대까지 살 가능성이 컸다. 실제로 0세의 기대 수명은 40세가 되지 못했지만 5세의 기대 수명은 55세였을 것으로 예상한다.

정확한 수치는 부족하지만 1200년에서 1745년 사이 유럽 전역에서 21세의 기대 수명은 62에서 70세였을 것으로 추정된다. 단 흑사병이 돌던 14세기에는 21세의 기대 수명이 45세로 감소했다.

여기에서 중요한 것은 기대 수명과 실제 수명을 구분하는 것이다. 전자는 한 사람이 평균적으로 얼마나 오래 살 수 있는지를 측정하고, 두 번째는 노화로 사망하기 전까지의 기간을 뜻한다. 확실한 것은 지난 수 세기 동안 사람의 실제 수명은 기대 수명이 증가한 것보다 훨씬 더 느린 속도로 증가했다.

때때로 어떤 사람들은 특정한 옛 사회의 수명이 지금과 거의 같다고 주장한다. 예를 들자면, 1994년에 『옥스퍼드 고전 사전(Oxford Classical Dictionary)』에 등록된 사람 중 폭력이나 이른 나이에 사망하지 않은 모든 사람을 대상으로 한 연구가 있다. 이 연구는 BC 100 이전에 태어난 298명의 고대 로마인들을 대상으로 해서 그들이 사망한 나이의 중앙값이 72세라고 보고했다. 그들과 비교하기 위해 『옥스퍼드 고전 사전』에 수록된 사람 중 1850년에서 1949년 사이에 노화로 인해 사망한 사람들을 조사한 결과, 그들이 사망한 나이의 중앙값은 71세인 것으로 나타났다.

이 연구의 결과는 성인이 된 후의 고대 로마인들은 오늘날의 우리와 거의 비슷한 수준의 기대 수명을 가졌다는 여러 보고서로 이어졌지만, 그러한 결론은 또 다른 함정에 빠지게 된다: 이런 데이터를 볼 때 항상 해야 하는 것은 과연 이 데이터가 우리가 다루고자 하는 집단을 대표하는지와 우리가 적절한 두 그룹을 비교하고 있는지다. 『옥스퍼드 고전 사전』에 등록된 사람들은 모두 저명하고 강력한 영향력을 가진 사람들로, 로마 시대에 그러한 위치에 있던 사람들은 대부분 나이가 많았다. 로마 시대에서 30세 미만의 남성은 임관할 수조차 없었고 집정관이 되기 위해서는 최소 43세여야 했다.

더 극단적인 예를 들어보면, 1503년에서 1700년 사이의 모든 교황의 평균 사망 연령은 70세였고, 1700년에서 2005년 사이의 평균 사망 연령은 78세였다. 하지만 이 정보를 가지고 1503년부터 2005년까지의 일반적인 수명이 70세가 넘었다고 말할 수 없다. 이 기간에 선출된 교황의 평균 연령은 64세였기 때문에 그들이 그 후로 십여 년간 살았다는 것은 그리 놀라운 일이 아니며, 로마의 집정관처럼 교황은 인구를 대표하는 표본이 아니다.

의학 사학자인 발렌티나 가자니가가 로마와 나폴리 사이의 고속 철도 건설 과정에서 발굴된 2,000여 개의 해골을 연구해서 발표한 2016년 논문이 고대 로마 오류에 대한 관심을 불러일으켰다. 그들은 모두 서기 1세기에서 3세기 사이에 집단 무덤에 묻혔던 것으로 보이는데, 그것을 통해 그들이 낮은 노동자 계급에 속한다는 것을 알 수 있다. 또한, 몸의 다양한 부위에 걸쳐 관절염과 심각한 부상이 많이 발생한 것 또한 그들의 계급을 뒷받침했다. 이들의 평균 사망 연령은 약 30세인 것으로 밝혀졌다.

고대 로마의 성인 기대 수명에 대한 실제 수치는 아마도 30년간 나쁜 식습관과 고된 노동을 겪은 빈곤층의 무덤과 『옥스퍼드 고전 사전』에 등록된 72년간 성공적이었던 귀족들 사이 어딘가에 있을 것이다.

예측

이 장에서 우리는 통계를 사용해서 우리의 기대 수명을 예측하는 방법과 그 것의 한계점들에 관해서 다루었다. 점성술이나 경마나 투자 제안이나 통계치에서 추세를 찾는 것 모두 일종의 예측이다. 어떤 것은 다른 것보다 더 과학적이기는 하지만 여전히 이 모든 것들의 뒤에는, 최소한 어느 정도는, 미래가 예측될 수 있다는 믿음이 존재한다.

예측의 문제 중 하나는 이것이 어느 정도는 자기 충족 또는 자기 부정적일 수 있다는 것이다. 우리가 식별한다고 주장하는 모든 '리스크'는 사람들의 행동을 변화시키고 그러므로 실제 '리스크'를 줄이게 된다. 마찬가지로 어떤 점쟁이가 삶을 바꿀 키 크고 어둡고 잘생긴 낯선 사람을 만날 것으로 예측했다면, 우리는 그 키 크고 어둡고 잘생긴 낯선 사람의 존재에 대해 더 주의를 두고 반응하게 될 것이다.

CHAPTER 2

길거리 설문조사

여론조사를 통해 호도하는 방법

—

모든 시점에서의 여론조사는 미신과 잘못된 정보와
선입견의 혼돈이다.

– 고어 비달, 『성별과 법률(Sex and the Law)』, 1965

1824년 7월경, 펜실베이니아주의 해리스버그에 있는 한 신문사는 그해 연말에 있을 대통령선거에서 당선될 후보를 예측하기 위해서 세계 최초로 여론조사를 시행했다. 이때 주요 후보들은 앤드루 잭슨과 존 퀸시 애덤스였는데, 이 여론조사들은 잭슨이 약 70%를 득표해서 크게 승리하리라 예측했다.

실제로 잭슨은 70%를 훨씬 넘는 수치로 펜실베이니아주에서 승리했고 전체 득표에서도 약간의 격차로 더 많은 표를 얻었지만, 선거인단의 과반수를 차지하지 못했다. 미국 헌법 제12조의 규정에 따라서 미국 하원이 대통령을 결정할 권한을 부여받았고, 그들은 존 퀸시 애덤스를 대통령으로 선택했다.

그렇게 초기의 여론조사가 선거 결과를 맞히지 못하면서 여론조사의 시작은 상당히 설득력이 떨어졌다고 할 수 있다. 시간이 지나면서 여론조사 기법들이 점점 더 정교해졌음에도 불구하고, 여전히 예측한 결과들이 현실과는 동떨어진 경우가 많다. 2017년과 2019년에 시행된 영국 총선이 바로 그러한 경우다. 2017년 영국의 총선 바로 전 이틀간 진행된 9개의 주요 여론조사 중 8개가, 보수당이 과반을 28~92석 정도 넘겨 다수당이 되리라 예측했다. 단 하나의 여론조사만 테레사 메이의 보수당이 과반에서 24석이 부족해 헝 의회(Hung Parliament, 절대 다수당이 없는 의회를 뜻함)가 되리라 예측했고, 투표 결과는 보수당이 8석이 부족해 과반을 달성하지 못했다.

2년 후의 총선에서는 여론조사가 각 정당의 전국 득표율은 올바르게 예측했지만, 지역별 득표율을 예측하지 못했다. 2019년 12월 12일 선거 직전의 며칠간 시행되었던 모든 주요 여론조사들은, 보수당이 다수당의 지위를 차지할 확률이 높다는 것에 동의했지만, 매우 접전이기 때문에 헝 의회가 다시 발생할 확률도 낮지 않다고 양다리를 걸쳤다. 이때 대부분의 주요 여론조사 결과들은 보수당이 과반보다 24~52석을 더 차지하리라 예측했지만, 실제 결과는 과반보다 80석을 더 차지한 것으로 나타났다. 그렇다면 어떤 부분이 잘 예측되고 어떤 부분이 잘 예측되지 않은 것일까?

응답자의 표본의 크기와 특성이 모든 여론조사와 설문조사의 핵심적인 부분이다. 또 다른 초기의 여론조사가 1824년 델라웨어에서 시행되었는데, 지나가던 사람들을 잡아 세우고 설문하는 방식으로, 선택된 사람들이 일반 대중을 잘 반영할 확률이 높은 무작위 표본일 것이라고 가정했다. 하지만 그러한 표본은 여론조사자와 이야기를 나눌 의향이 있는 사람들만으로 구성되었기 때문에 선천적으로 편향성을 띤다. 어쩌면 보수적이었던 공화당 지지자들은 새롭게 시행되었던 여론조사에 부정적인 반응을 보이고, 진보적인 성향의 민주당 지지자들이 여론조사에 더 많이 참여했을지도 모른다. 그러한 편향을 제거하거나 최소화하기 위해서 층화추출이라고 부르는, 그 어느 때보다 더 정교한 방법들이 고안되었다.

층화추출의 기본 발상은 일반 대중을 성별과 나이와 직업 유무 등 여러 층으로 나눈 다음 전체 인구에서의 비율을 정확하게 반영하는 표본을 선택하는 것이다.

층화추출

어떤 모집단에서 무작위 표본을 추출해 실험이나 설문을 진행하려는 모든 이들은, 무작위 표본이라는 것이 존재하지 않는다는 문제에 직면하게 된다. 모든 사람을 하나하나 조사하지 않는 한(물론 거의 현실적으로 불가능하고 엄두가 나지 않을 정도로 비용이 많이 든다) 표본을 선택하는 방법을 사용해야 한다. 도로에 걸어 다니는 사람들을 붙잡고 묻는 방법은 특정한 시간대에 도로에서 걷거나 쇼핑을 하는 사람들에 국한되는 문제가 있다. 자발적으로 참여하고자 하는 사람을 위주로 진행하거나 인터넷 사용자들을 대상으로 하거나 설문 전화로 시간을 소모하는 것에 개의치 않은 사람들을 대상으로 하는 등의 방법들 역

시 비슷한 문제가 있다. 그러한 문제를 해결하는 데 최선의 방법인 층화추출
은 전체 집단을 (예를 들어) 나이대와 교육 수준과 인종과 성별과 소득 수준과
같은 특성에 따라 나눈 뒤, 전체 집단의 비율에 맞추어 표본을 선택한다. 그렇
게 하기 어려운 경우에는 각 층에서 표본을 추출한 뒤 전체 집단에 맞추어 비
중을 주는 방법도 있다.

영국의 도시 스윈던은 2005년 무렵에는 영국에서 가장 평균적인
도시라고 잘 알려져 있었고, 그로 인해서 새로운 제품을 테스트해보
기 원하는 마케팅 회사들의 관심을 사로잡았다. 만약 어떤 제품이 스
윈던에서 잘 팔린다면 영국 전역에서도 그러하리라 예측할 수 있는
것이다. 하지만 점차 스윈던의 소득수준이 올라가게 되면서 2017년
에는 우스터가 가장 평균적인 도시라는 타이틀을 차지하게 되었다.
어떤 조사 기관들은 자신들이 측정하고자 하는 전체 집단의 평균에
해당하도록 세밀하게 정의된 패널 집단을 통해 여론을 조사하고자
한다. 또 다른 이들은 패널에 대해서는 조금 덜 신경을 쓰지만, 표본
과 전 국민의 평균의 차이를 보정하기 위해 특정인들에게 비중을 더
하고 줄이는 등의 방법을 사용한다. 예를 들어, 패널의 60%가 여성
이고 40%가 남성이면 남성의 조사결과에 1.5를 곱해서 남성과 여성
의 비율을 바로잡은 뒤 전 국민의 여론을 예측하는 데 사용한다.

근래에는 사후층화(poststratification)을 사용한 다층 회귀 모형
(MRP)이라는 인상적인 이름의 기법이 도입되어 층화 샘플링을 발전
시켰다.

이 기법은 보기보다 복잡하지 않다. 회귀분석은 다양한 요인들이 상호작용해서 결합된 효과를 만들어내는지를 알아내는 영리한 통계 도구다. 예를 들어, 비만과 운동 부족과 노령과 많은 설탕 섭취, 높은 혈당 수치는 모두 제2형 당뇨병 발병에 영향을 미칠 수 있는 요인으로 볼 수 있다. 하지만 그뿐만이 아니라 서로에게 영향을 미치기도 한다. 운동 부족은 비만 가능성을 높일 수 있으며 나이가 들수록 다른 요인들이 영향을 받을 수도 있다.

회귀분석은 어떤 변수가 가장 중요하고 어떤 것이 덜 중요한지를 알아낼 수 있을 뿐만 아니라, 고려된 변수들을 통해 당뇨병에 걸릴 가능성 또는 2019년 총선에서 보리스 존슨에게 투표할 확률을 구할 수 있다.

다시 MRP로 돌아와서 '다층 회귀 모형'은 개인의 투표 행동에 영향을 미칠 수 있는 요인들에 대한 회귀분석을 의미하며, '사후층화'는 그러한 분석 결과를 사용해 각 선거구에 대해 예측하는 방법이다. 여론조사에서도 최근에 이르러서야 이런 방법이 사용되고 있다. 물론 이를 수행하는 가장 확실한 방법은 각 지역구에서 여론조사를 실시하는 것이지만, 그것은 매우 힘들고 비용이 많이 든다. 대신 사용할 수 있는 최신 인구조사 데이터를 회귀분석에서 얻은 전국적인 투표 예측 공식에 대입해 각 선거구에 대한 결과를 산출한다. 그러한 분석 모델은 사람들의 성별, 나이, 학력, 고용 상태, 결혼 여부, 다른 다양한 항목들에 따라 투표할 확률이 어떻게 되는지를 보여준다. 인구조사 데이터를 통해 각 선거구의 유권자 구성이 다른 선거구와 어떻게 다른지를 알 수 있고, 그것을 사용해 각 선거구의 승자가 어떤 정당이 될지를 예측할 수 있다.

2019년 영국 총선의 여론조사단은 2017년의 조사단보다 한 가지 이점이 있었다. 바로 유권자들에게 2017년 어떻게 투표했는지를 물어보고, 그들의 답변을 2019년의 투표 의도와 비교하는 것이다. 여성이 남성보다 지지 정당을 바꾸는 경향이 더 강한가? 노인이 젊은이보다 더 정당에 충실한가? 과체중인 사람이 마른 사람보다 더 정당에 충실한? 나는 물론 이 질문의 답을 모르지만 여론조사원들은 의석을 잃고 얻을 가능성이 높은지 예측하기 위해 그러한 결과를 사용하기 때문에 이런 정보를 분명 알고 있다는 것을 확신할 수 있다.

현대 기술인 MRP는 훨씬 더 예전부터 사용되어 온 단순한 방법인 평균으로의 회귀와는 완전히 다른 개념이기 때문에 혼동되어서는 안된다.

평균으로의 회귀

1886년 심리학자이자 통계학자이며 선구적인 유전학자인 빅토리아 시대의 천재 프랜시스 골턴은 「유전적 키의 평균(mediocre)으로의 회귀」라는 논문을 썼다. 그는 자신이 많은 가족의 키를 살펴보면서 발견한 중요한 내용을 서술했다. 큰 부모의 자식들은 일반적으로 키가 컸지만, 자식들이 그 부모만큼 크지는 않다는 것을 발견했다. 유사하게 작은 부모의 자식들 또한 작았지만, 그 부모만큼 작지는 않다는 것을 발견했다. 자녀의 키는 부모의 키와 평균 키 사이의 3분의 2 지점보다 더 크다는 것을 발견했다. 즉, 자녀들은 평균으로 회귀하면서 부모의 키를 물려받는다는 것이다.

그는 이것이 아이들이 부모만이 아니라 모든 조상에게서 키에 대한 특성을 물려받았기 때문이라고 잘못된 결론을 내렸다. 물론 자녀는 그 부모가 윗세대에서 물려받은 특성을 유전적으로 물려받는 것이지만, 부모가 가지지 못한 조상의 특성은 물려받을 수 없다. 우리의 유전자는 어머니와 아버지에게서만 나온다는 사실이 이후 밝혀졌지만 골턴의 결과는 여전히 유지되었다. 이후 '보통/평균(mediocre)'이라는 용어에 부정적인 의미가 곁들어졌기 때문에 '평균(mean)으로의 회귀'라고 바뀌어 불리게 되었다.

키의 유전에 대한 추론은 복잡하지만, 최근의 연구들에 따르면 사람의 키는 유전으로 인해 약 65~80% 정도가 정해지고 나머지는 식습관과 생활 방식처럼 모집단에 무작위로 분포하는 경향이 있는 환경 변수들에 따라 결정된다고 한다.

이런 발견의 결과는 '회귀 오류'라고 불리게 되었다. 이것은 평균으로의 회귀에 불과한 변화가 어떤 다른 이유가 아닌 단순한 평균으로의 회귀 과정으로 일어났다는 근거 없는 주장을 뜻한다. 그러한 오류를 범한 두 사례를 살펴보도록 하자.

첫째는 사고 다발구간에 과속 카메라를 도입하는 것이다. 도로의 특정 장소에서 사고가 자주 발생한 것으로 확인되면 그곳에 과속 카메라를 설치하게 된다. 당국은 사고의 수가 줄어들면 자신들의 행정에 대해 자찬하고, 그러한 경험은 과속 카메라가 사고율을 감소시킨다는 믿음을 강화하게 된다. 여기에서 평균으로의 회귀를 적용해보자. 이 지역에서 사고가 감소한 것은 과속 카메라 때문이 아니라, 단순히 사고가 많이 일어나는 지역이었기 때문에 평균으로 회귀하는 과정에서 사고가 감소했다고 볼 수 있다. 정부가 이것이 과속 카메라의 효과인지 아니면 평균으로의 회귀로 인한 효과인지 테스트하기 위해서는 사고율이 낮은 통제 그룹을 골라 같이 비교해봐야 한다. 평균으로의 회귀가 옳다면 사고율이 낮았던 지역에서 향후 사고율이 높아지는 것을 볼 수 있을 것이다.

둘째 예시는 시험 성적이 가장 낮은 학생들을 처벌하는 것이다. 어떤 이들은 이것이 향후 그 학생들의 성적을 향상시킬 것이라고 믿는다. 실제로 다음 시험에서 그 학생들의 성적이 오르게 되면 이 체벌 시스템이 잘 작동한다는 '증거'라고 해석한다. 하지만 그러한 성적 향상은 평균으로의 회귀로 인한 현상으로, 비슷하게 성적을 잘 받는 학생들에게 보상하거나 칭찬을 할 때 평균으로의 회귀로 인해 그 학생들의 성적이 낮아지면, 칭찬이나 보상이 역효과를 낳는다는 증거로 받아들여질 수도 있다.

회귀분석에 대해 마무리하기 전에 내가 몇 년 전 미스 영국 콘테스트 결승전에서 작업했던, 경박하지만 통계적으로는 완벽했던 계산식을 추가로 다루고자 한다. 나는 그 행사 자체에는 큰 관심이 없었지만 받았던 초대장에 매우 맛있는 저녁이 포함되어 있었기 때문에 그 자리에 참가했다. 참가자들이 무대 위에서 자신들을 뽐내는 동안 나는 안내 책자에 관심을 돌렸고, 그곳에서 각 참가자의 나이와 키와 신체 사이즈에 대한 정보를 볼 수 있었다. 콘테스트가 끝난 뒤 그 정보를 가지고 실제로 결승 결과를 예측할 수 있는지 확인해보기로 했다.

이 분석 결과는 왜 회귀분석의 또 다른 강력한 장점을 소개한다. 바로 영향을 미치는 변수들의 일차식을 통해, 관심 있는 항목의 값을 계산하는 공식을 만들 수 있다는 점이다. 이게 좀 어렵게 보일 수 있지만 '일차식'은 각 변수에 다양한 숫자를 곱한 뒤 서로 더하는 것을 의미한다.

미스 영국의 결선 진출자들의 경우 나이가 비슷했기 때문에 나이는 변수에서 제외하고, 그들의 키와 가슴둘레, 허리둘레, 골반둘레를 변수로 기입하고 최종 순위를 결괏값으로 두어 분석을 실행했다. 그 결과, 다음과 같은 공식이 나타났다.

$$F = 30.7 - 0.59T + 0.03B - 0.73W + 0.99H$$

이 공식의 T는 인치 단위의 키를 뜻하고 B와 W와 H는 각각 인치 단위의 가슴둘레, 허리둘레, 골반둘레를 뜻한다. 마지막으로 F는 여성미를 뜻하는데, 여성미가 가장 높은 사람이 우승을 한다고 보고 12명의 참가자 중 1등이 12점이 되고 1점씩 감소해 마지막 순위가 1점이 되도록 정의했다.

놀랍게도 마릴린 먼로의 재봉사가 기록했던 먼로의 신체 사이즈를 대입하면 (키 65인치, 가슴 35인치, 허리 22인치, 골반 35인치) F 값이 11.99가 나오는데, 이것은 이 수식에서 기대할 수 있는 가장 완벽한 숫자다(하지만 먼로의 신체 사이즈에 대한 출처나 측정 날짜는 알려져 있지 않다).

이 공식에서 골반 사이즈(0.99의 가중치), 슬림한 허리(-0.73의 가중치는 허리 둘레가 최종 순위와 음의 상관관계를 가진다는 것을 나타냄으로써 가는 허리가 더 좋은 성적을 받는 데 유리하다는 것을 뜻한다)가 가장 중요하다고 나타난 것이 상당히 놀라웠다. 이 회귀분석 결과를 가지고 참가자의 최종 순위를 예측하는 기사를 신문에 썼을 때, 내 편집자는 '골반이 새로운 가슴이다'라는 자신의 견해를 확인시켜준다며 이 분석 결과에 매우 만족했다.

물론 이 공식이 여성의 매력을 평가하는 기준이 전국적으로 변한 것을 반영하는지 또는 심사위원단의 선호도를 보여주는지는 여전히 확실히 알 수 없다. 과학자들이 연구 논문의 끝 부분에서 항상 말하는 것처럼 '추가적인 연구가 필요하다.'

여성미에 대한 내 공식이 이후의 대회 결과를 정확하게 예측하는지 확인해볼 수 있는 추가 데이터를 구하지는 못했지만 예측 결과가 잘 나올 것인지는 의문이다. 결국 미인 대회 심사위원들의 의견은 선거 유권자들의 의견처럼 시간이 지나면서 변하기 쉽다.

정치적 여론조사가 상대적으로 발전하며 정교해지는 것으로 놀아가보면, 왜 2019년 총선 예측 결과가 더 정확하지 않았는지를 질문해야 한다. 여론조사원들에게는 넘어야 할 장애물들이 여럿 있다.

1. 그들이 표본을 세심하게 선택했더라도 일부 사람들은 여론조사원과 대화하는 데 동의하지 않기 때문에 제약이 생긴다. 따라서 모든 표본은 본질적으로 집단 전체를 완벽하게 대표하지 않는다.
2. 어떤 사람들은 자신의 정치적 견해를 부끄럽게 여기기 때문에 자신의 의견을 밝히지 않기 위해 아무런 말이나 한다. 이것은 심리

학자들이 부르는 '동기 왜곡'에 해당한다.

3. 사람들은 여론조사 인터뷰와 선거 시기 사이에 마음을 바꾸기도 한다.

4. 사람들이 투표소의 상자 안에 투표지를 넣는 것을 여론조사원과 대화하는 것보다 더 심각하게 받아들이기 때문에 결과가 달라질 수 있다.

5. 여론조사 자체가 유권자의 투표 의도에 영향을 미칠 수 있다.

동기 왜곡

사람들이 성격검사서를 작성하거나 여론조사원의 질문에 대답할 때, 그 결과에 영향을 미칠 수 있는 한 가지가 바로 의도적인 응답 오류다. 어떤 사람들은 그 결과를 해석하는 사람들에게 좋은 인상을 줄 것으로 생각하는 방식으로 응답하려고 한다. 다른 사람들은 심리학자나 여론조사원이 만족할 만한 답을 하려고 한다. 이런 경우들 모두를 '동기 왜곡'이라고 하는데, 다른 말로는 '거짓말'이라고 부른다.

아마도 성격검사의 가장 큰 문제는 개인의 응답에서 나타나는 프로필, 그 사람이 실제로 어떤 사람인지, 자신이 무엇이라고 생각하는지, 질문자가 자신을 무엇이라고 생각하기를 원하는지가 혼합되어 있기 쉽다는 것이다. 자기 자신에 대해 잘 알고 매우 균형 잡힌 사람만이 이 세 가지 프로필이 일치한다. 심리학자 또는 여론조사원의 임무는, 응답자가 실제로 어떤 사람인지 나머지 두 프로필에서 분리하는 것이다.

이 중 마지막이 가장 흥미로운데 대다수의 여론조사에서 힐러리 클린턴의 승리를 예견했던 2016년 미국 대통령 선거를 생각해보자. 많은 클린턴의 지지자들이 클린턴이 이기고 있다고 보고 자신들이 투표하지 않더라도 이길 것이라고 생각했을 가능성이 있지 않을까? 만약 클린턴의 지지자들이 트럼프가 이길 확률이 상당히 있다고 생각했으면 더 적극적으로 투표를 하러 나오지 않았을까? 그러한 여론조사 결과가 트럼프 지지자들에게 반대의 영향을 미쳤을 수도 있기 때문에, 정확하게 여론조사가 전체적으로 어떤 영향을 미쳤는지 말하기는 어렵다.

2019년 영국 총선 결과에도 비슷한 요인이 영향을 미쳤을 수 있다. 여론조사들은 평균적으로 보수당이 과반에서 약 28석을 더 획득할 것이라 예측했다. 과반에서 28석을 더 얻는다는 것은 분명히 과반을 넘지만 너무 많지도 않고, 일을 해낼 수 있지만 과한 권력을 행사할 자유가 없는 것으로, 이것이 아마 유권자들이 원했던 결과일 수도 있다. 최종 여론조사 결과가 과반수에서 80석을 얻는다고 예상되었더라면 많은 보수 지지자들이 이미 승리했다고 생각했을 것이고 투표에 신경 쓰지 않았을지도 모른다. 특히 보수가 차악이라고 생각해서 지지했던 사람들은 더욱 그리했을지도 모른다.

물론 여론조사가 정치적 목적으로만 시행되지는 않는다. 2020년의 첫 4일 동안 다양한 언론보도에서 다음과 같은 여론조사 결과들을 볼 수 있었다.

영국:

- 16세에서 64세 사이의 8.2%는 한 번도 일한 적이 없다.
- 24%의 사람들은 향후 더 많은 비건/채식 식품을 구매할 것으로 예상한다.
- 26%의 사람들은 크리스마스에 마시는 알코올 음료 중 진을 가장 좋아한다고 한다.
- 34%의 사람들은 종교가 도덕성의 기초라고 말하고, 32%는 그것에 동의하지 않으며, 나머지는 확실하지 않다고 한다.

다른 국가들:

- 캐나다인 중 8.6%는 지난 1년 중 법적 알코올 한도를 초과한 상태로 운전을 한 적이 있다고 인정했다.
- 스웨덴인 중 25%는 소셜 미디어에서 보내는 시간이 '의미'있다고 생각한다.
- 미국 성인의 32%는 위험하거나 예상치 못한 장소에서 성관계를 가지고 싶다고 한다.
- 일본 여성의 63.8%와 남성의 58.4%는 여성이 아이를 낳은 후에도 일을 계속 해야 한다고 생각한다.

대부분의 사람들은 신문에서 그런 수치를 읽으면 그대로 받아들인 뒤 다음 이야기로 넘어간다. 그러한 숫자가 전달하는 가짜 권위는 특히나 소수점 자리에 숫자가 써 있을 때 그 목적을 더 잘 달성하는 것으로 보인다. 하지만 위의 모든 경우에서 숫자들을 통해 더 많은 질문들을 제기할 수 있다.

2019년 12월 영국 통계청이 제시한 영국 실업률은 3.8%에 불과했는데, 16~64세의 영국인 중 8.2%가 단 한 번도 일한 적이 없는 이유는 무엇일까? 어떻게 현재 실업자 수보다 일한 적 없는 사람이 두 배이상 많을 수 있을까? 그리고 16~64세라는 숫자들은 무엇을 숨기고 있을까? 일반적으로 직업이 없을 것으로 예상되는 고등학교나 대학생들도 포함되는 것일까?

24%의 사람들이 더 많은 비건 식품을 살 것으로 예상한다는 것은 어떻게 읽어갈까? 24%의 사람 중에는 아이들도 들어갈까? 아니면 주기적으로 장을 보러 가는 성인들 중 24%를 말하는 것일까? 또한 '구매할 것으로 예상한다'라는 문구 속에는 많은 것이 숨어 있다. 어떤 질문을 물어봤기에 이런 답을 얻을 수 있었을까? 원하는 답을 암시하면서 질문하게 되면 그러한 답을 얻기가 쉽다. 우선 사람들에게 하루 5회분 이상의 과일과 채소를 섭취했는지 물어본다(영국 보건부 권고사항). 이후 그렇게 먹을 시 더 건강해질 것이라고 생각하는지 물어본 뒤, 균형 잡힌 식단을 먹는 것에 대해 어떻게 생각하는지 물어보고, 마지막으로 그렇게 생각한다면 야채를 더 많이 살 예정인지에 대해 물어보면 된다.

또 진을 마시는 사람들은 누구일까? 이 설문은 주류판매업체가 진행한 것일까? 설문조사 항목은 독주로 제한되었을까? 또한 설문조사원이 도덕성과 종교에 대해 물었을 때, 34%의 사람들이 답을 못하고 조사원을 멍하니 쳐다봤다면 그런 질문을 하는 게 무슨 의미가 있을까? 이 '확실하지 않다'라는 카테고리는 수많은 복잡한 의견들을 숨기고 있을지도 모른다.

그리고 술을 마신 상태에서 운전했지만 인정하지 않은 캐나다인은 어떨까? 스웨덴인의 몇 퍼센트가 여론조사에 응답하는 것이 의미 있다고 생각할까? 또한 위험하거나 예상치 못한 장소에서 성관계를 하고 싶어하는 미국인의 32%가 영국 일요신문의 여론조사에서 '해변에서 이성과 만난 적이 있다'고 응답한 34%의 사람들과 어떻게 연관되어 있을까? 이 경우 표본의 대표성이 낮았거나 응답자들이 과장된 것 같다고 의심해볼 수 있다. 어쩌면 '인정'한 것이 아니라 '주장'했다고 표현하는 것이 더 정확할지도 모른다.

우연히 같은 조사에서 몇 명의 파트너와 성관계를 가졌는지에 대해 물어보았을 때, 남성의 평균 응답은 15명이었고 여성은 10명이었다. 남성이 과장하는 경향이 있거나 여성이 숫자를 줄이는 경향이 있거나, 또는 상당수의 남성이 동성애 관계를 가지는 것으로 결론 내릴 수 있다. 만약 전체 인구를 대상으로 한 조사에서 모든 사람들이 정직하게 이 질문에 답했다면, 남녀 간의 이성 파트너의 숫자의 평균은 반드시 동일해야 한다.

흥미롭게도 미국에서 2018년에 실시된 설문조사에 따르면, '남성의 41.3%, 여성의 32.6%가 성적 질문에 대해 거짓말했다는 사실을 인정했다. 전반적으로 남성은 성관계를 맺은 파트너의 숫자를 늘릴 가능성이 높았고, 여성은 줄일 가능성이 높았다.' 안타깝게도 응답자들에게 성적 질문에 대해 거짓말을 했는지 묻지 않았다. 그런 설문지가 있다면 다음과 같지 않을까?

1. 몇 명의 성적 파트너를 가졌는가?
a) 1~10명   b) 11~15명   c) 15명 초과

2. 1번에 대한 답이 거짓인가?
a) 그렇다   b) 아니다   c) 헌법 수정 제5조(묵비권 행사)

3. 2번에 대한 답은 또 다른 거짓말인가?
a) 그렇다   b) 아니다   c) 2번의 답과 같다.

응답자들이 진실을 말하고 있는지는 연구자들에게 큰 문제이기는 하지만, 그것을 무시하더라도 결과의 해석과 표현 방식이 또 다른 큰 오해의 원인이 될 수 있다.

예를 들어, 2019년 3월에 몇몇 영국 신문들이 GCHQ의 국가 사이버 보안센터의 의뢰로 실시한 설문조사에 따르면, '성인의 22%가 온라인 계정을 만드는 데 16세 이상의 아이들에게 도움을 받는다'고 보고했다.

하지만 잠시만 기다려보자. 16세 이상의 자녀를 둔 성인은 몇 명일까? 이 22%는 그런 자녀가 없는 성인을 포함하는 집단에서 계산된 것일까? 아니면 16세 이상의 자녀를 둔 성인만을 대상으로 그중

22%를 말하는 것일까? 또는 16세 이상의 다른 집 아이들에게 도움을 받은 사람들도 포함하는 것일까? 그리고 '도움을 받는다'라는 것은 무슨 뜻일까? 인터넷을 사용할 때 항상 도움을 받는다는 뜻인가 아니면 아이들이 시간이 있을 때에만 도움을 받는다는 것일까?

설문조사는 비율을 인용하는 것을 좋아하지만, 어떤 사람들이 표본을 구성했는지, 정확하게 어떤 질문을 했는지, 표본이 스스로 선택했는지(대부분의 온라인 설문조사의 경우), 또 인용된 비율이 전체 응답자에서의 비율인지, 밝혀지지 않은 특정 조건에 해당하는 응답자에서의 비율인지에 대해 잘 이야기하지 않는다. 설문조사자들은 이러한 정보를 보통 '오차범위'라는 형식으로 결과에 포함해 제시하지만 그러한 세부사항 없이는 확신을 가지고 결과를 해석하기가 어려운 경우가 많다.

오차범위

2019년 영국 총선 전날 한 여론조사는 보리스 존슨의 보수당의 지지율은 41%, 노동당은 32%, 자유민주당은 14%이라고 발표했다. 이 수치는 국가 전체를 대상으로 한 것이지만, 각 선거구 기준으로 조사한 여론조사는 과반에서 28석을 더 얻을 것으로 예측했다. 하지만 여론조사 업체는 과반을 달성한 정당이 없는 헝 의회가 일어날 경우도 여론조사의 오차범위 내에 있다고 밝혔다. 그렇다면 이 '오차범위'는 무엇을 뜻할까?

동전을 20번 던져서 앞면과 뒷면이 각각 10번씩 나온다고 가정해보자. 그렇다면 20번 동전 던지기에서 우리가 예측한 앞면과 뒷면이 나올 확률은 50% 대 50%이지만, 실제 질문은 우리가 얼마나 이 예측을 신뢰하는가다. 보통은 95%의 신뢰 수준에서 '오차범위'를 인용하게 된다. 따라서 우리가 질문해야 하는 것은 다음과 같다. 앞면과 뒷면이 나올 확률이 같은 동전을 20번 던질 경우, 가능한 모든 결과 중 95%를 포함하는 범위는 무엇인가?

동전 던지기의 경우, 일어날 수 있는 결과들을 정확히 파악할 수 있다. 동전을 20번 던지면 2^{20}가지의 결과, 즉 104만 8,576개의 잠재적 결과가 있다. 이 중 하나만 모두 앞면(20-0)이고 또 다른 하나만 모두 뒷면(0-20)이다. 19-1 또는 1-19는 각각 20회 나올 수 있고, 18-2, 17-3, 16-4, 15-5와 그 반대되는 결과는 각각 380회, 2,280회, 9,690회 그리고 3만 1,008회 일어날 수 있다.

이 15-5 또는 그 이상의 차이가 나는 결괏값들을 모두 더하면 총 4만 3,400개가 된다. 14-6에서 6-14 까지의 총 100만 5,176개의 결괏값이 있는데 이것은 2^{20}의 95%를 조금 넘기는 숫자다. 따라서 앞면 10개와 뒷면 10개에 오차범위 4는 양 방향으로 4라고 예측할 수 있다. 여론조사의 경우, 그 답변을 얼마나 신뢰할 수 있는지, 응답자들이 전체 집단을 얼마나 대표하는지 등의 문제는, 신뢰도와 오차범위에 영향을 미치게 된다. 이것들은 예측의 정확성에 큰 영향을 미칠 수 있지만 수학적 신뢰 수준과 오차범위와는 관련이 없다.

CHAPTER 3

위험과 대응

위험에 대응하는 우리의 비논리적인 자세들

—

인간은 삶의 위험과 불확실성을 이해하고 대처할 수 있도록
'위험'의 개념을 발명했으며, 이러한 위험은 현실이지만
'현실적인 위험'이나 '객관적인 위험' 같은 것은 없다.

- 대니얼 카너먼, 『생각에 관한 생각』, 2012

설문조사와 통계를 통해 사람의 행동을 예측하는 것 자체도 어렵지만, 훨씬 더 큰 문제는 우리가 아무리 논리적으로 노력하더라도 사람은 본질적으로 불일치하고 비합리적이라는 점이다. 특히 위험을 평가하는 작업을 할 때에 더욱 더 그렇다. 사람들은 서로 다른 태도로 위험을 감수한다. 어떤 사람은 매우 조심스럽고, 어떤 사람은 용감하고, 또 어떤 사람은 무모하다. 그러나 우리의 주관적인 경험과 객관적인 연구 결과에서 모두 확인된 바와 같이, 우리는 모두 어느 정도 비합리적이다.

사람이 위험을 인지하게 되면 종종 비논리적인 방식으로 행동

을 바꾸게 된다. 안전띠를 사용하면 사람들이 더 무모하게 운전할까? 광우병 당시 많은 사람들이 소고기 대신 더 지방이 많은 양고기를 먹었는데, 그로 인해서 심장마비로 인한 사망이 늘어나지 않았을까? 통계에 따르면 비행기는 가장 안전한 운송 수단으로 볼 수 있는데, 왜 어떤 사람들은 비행기를 타는 것을 두려워할까? 2002년부터 2010년까지 영국에서 엘리베이터와 관련된 사고로 266명이 부상당했고 4명이 사망했다. 하지만 왜 엘리베이터를 타는 것을 두려워하는 사람은 거의 없을까? 거리당 승객 단위로 볼 때 엘리베이터가 비행기보다 더 위험할 수도 있다.

엘리베이터에 대한 공포증은 그래도 좀 알려져 있지만 노란색에 대한 공포증(xanthophobia) 또는 식사나 저녁에 대화하는 것에 대한 공포증(deipnophobia)처럼, 매우 흔치 않은 공포증들이 있고 이름조차 지어지지 않은 공포증들도 많다. 흥미롭게도 그런 공포증을 앓는 사람들은 종종 밀실 공포증(좁은 공간에 대한 두려움) 또는 광상 공포증(개방된 공간에 대한 두려움)으로 분류되지만, 이 둘은 상당히 반대되는 것으로 여겨진다. 하지만 광장 공포증에는 누군가를 당황하게 하거나 갇혀 있다고 느낄 수 있을 장소나 상황에 대한 일반적인 두려움이 포함되기 때문에, 엘리베이터 공포증이 광장 공포증에 포함된다.

1911년 에스컬레이터가 최초로 런던 지하철에 설치되었을 때, '범퍼' 해리스라고 알려진 외발 남성이 개장한 날 에스컬레이터를 오르내리며, 그것이 의족을 한 남성이 타고 오르내려도 안전하다는 것을 보여주기 위해 고용되었다. 이것은 사람들이 에스컬레이터를 두려워하지 않도록 하기 위해 제안된 이벤트이지만, 사람들이 그의 다리를 보고 그가 에스컬레이터에서 다리를 다쳤다고 생각했다면 그 반대의 영향을 미쳤을지도 모른다.

하지만 우리 대부분은 매일 엘리베이터나 에스컬레이터보다 훨씬 더 큰 잠재적 위험에 직면하기 때문에 크게 두려워하지 않는다. 실제로 유럽이나 미국에서 35~54세 사이의 성인 400명 당 1명이 매년 치명적인 사고를 당하며, 많은 영국인들은 대박을 목표로 21년간 복권을 사왔다. 그들은 400분의 1 확률로 사망할 수 있다는 위험에는 무감각하면서, 1,400만분의 1 확률로 당첨되는 복권에는 기대를 거는 것이다. 어떤 사람이 복권에 당첨되는 확률보다도 20분 내에 사망할 확률이 더 높다. 심지어 2015년에 복권의 번호 숫자가 49개에서 59개로 늘어나면서 잭팟을 달성할 가능성은 더 낮아졌지만, 여전히 사람들은 복권을 구매한다.

사실 내가 복권 구입자들을 너무 심하게 평가한 것 같다. 1등 이외에도 작은 상이 많이 있지만, 여전히 단 하나라도 상금을 받을 확률은 50분의 1에 불과하다. 물론 매우 값싼 비용에 비해 인생을 바꿀 수 있는 어마어마한 상금을 제시하기 때문에 복권이 큰 인기를 누릴 수 있다. 하지만 그렇다고 하더라도 여전히 도박으로도 거의 의미가 없다고 할 수 있다.

어쩌면 복권은 17세기 프랑스의 철학자 블레즈 파스칼이 경건한 삶을 위해 제시한 논쟁인 '파스칼의 도박'에 해당되는지도 모른다. 그는 이상적인 사람은 하나님을 믿고 하나님이 존재하는 것처럼 살아야 한다고 말했는데, 그 이유는 믿음이 틀리면 약간의 쾌락을 잃는 정도이지만, 믿음이 옳다면 그 사람은 천국에서 영원한 삶을 얻고 지옥에서의 영원한 고통을 피하게 되기 때문이다. 유사하게 현대 복권은 너무나도 작아서 없는 셈 칠 수 있는 값으로 매우 큰 이득을 얻을 가능성을 제시한다.

이론적으로 우리는 냉정하게 적어도 둘 이상의 선택지를 비교 평가해, 기대 수익을 극대화하고 위험을 최소화하는 방식으로 행동할 수 있다. 하지만 실제로는 사람의 행동이 공포와 부족한 수리적 능력에 영향을 받는다는 증거가 많다. 1996년 BSE(소 해면상 뇌병증)에 감염된 소고기를 먹어서 발생하는 크로이츠펠트 야콥병(CJD)의 새로운 변종 사례가 발생했을 때, 사람들이 어떻게 반응했는지가 바로 그 사례다.

새로운 변종이었던 vCJD로 인해 사망한 영국인은 조금씩 늘어서 2000년에는 28명으로 정점에 이르렀는데, 이는 인구의 200만분의 1 또는 그해 사망의 5,000분의 1에 해당하는 숫자다. 그러나 많은 사람이 이 위험이 너무 크다고 생각해서 소고기를 먹지 않고, 지방 함량이 더 높아 뇌졸중이나 심장병을 일으킬 위험이 훨씬 큰 양고기를 선택했다.

이렇듯 통계적으로 매우 작은 위협에 대한 과잉 반응은 여러 가지 방법으로 설명할 수 있다. 첫째, 우리는 안전하다고 생각했던 것이 실제로 위험할 수 있다고 갑자기 깨닫게 되면 두려움을 느낀다. 그 위험이 매우 작더라도 존재한다는 것을 아는 것만으로도 충격을 받게 된다. 실제로 소고기와 관련한 새로운 건강 위험요소는 우리가 이미 알고 있던 양고기의 건강 위험요소보다도 덜했다. 둘째, 위험에서 벗어나려는 것은 자연스러운 일이다.

우리가 원해서 양고기를 선택하는 것이 아니라 소고기에서 도망치는 방향에 양고기가 있는 것이다. CJD처럼 한 번도 들어보지 못한 일을 더 두려워하는 것 또한 자연스러운 일이다.

그러나 이 특별한 비합리성에서 가장 큰 역할을 하는 것은 아마 우리가 큰 수의 본질을 파악하기 어려워한다는 점일 것이다. 1,400만 대 1이라는 말도 안 되는 확률로 복권에 당첨되기를 바라는 것처럼 4만 5,000마리의 소를 먹을 때마다 한 명씩 CJD가 발생한다는 수치를 너무 과장해서 받아들이는 것이다.

우리가 큰 수를 이해하지 못하는 일이 어떻게 일어나는지 이후 더 자세히 다루어볼 것이지만, 우선 다른 사망률에 대한 통계치들을 살펴보자. 욕조에서 익사하거나, 계단에서 넘어져서 사망하거나, 살해당하거나, 기차에 치이거나, 벼락에 맞아 죽을 위험에 대해 얼마나 걱정하는가? 다음 페이지의 표는 2016년에서 2018년 사이에 잉글랜드와 웨일스에서 그러한 원인으로 사망한 사람들의 통계다.

2017년 미국 대통령 도널드 트럼프가 욕조와 계단과 경사로에 대한 공포증인 경사 공포증(bathmophobia, 계단을 뜻하는 그리스어 bathmos에서 기원)을 앓고 있다는 기사가 보도되었다. 어떤 사람들은 이것을 사다리 또는 계단을 뜻하는 그리스어 Climax에서 유래한 계단 공포증(climacophobia)이라고 부르기도 한다. 『옥스퍼드 영어사전』이나 미

사망 원인	2016	2017	2018
걷다가 차에 치여 사망	89	70	64
기차에 치여 사망	0	1	1
자전거 타다가 사고로 사망	81	74	58
계단에서 떨어져서 사망	795	730	747
욕조에서 익사	35	23	22
욕조에 떨어져서 익사	3	4	2
벼락에 맞아서 사망	0	2	0
살인 사건의 피해자	596	712	622

국심리학회의 『정신질환의 진단과 통계 편람(Diagnostic and Statistical Manual of Mental Disorders)』에서 찾아볼 수는 없지만, 공포증 목록에서는 찾아볼 수 있다. 하지만 어떤 사람들은 계단 공포증은 계단 자체에 대한 공포증이고, 경사 공포증은 계단을 올라가는 것에 대한 공포증이라고 주장하기도 한다. 놀랍게도 사망률 통계치에 기반해서 보면, 이런 공포증이 훨씬 더 많이 발생하는 뇌면 공포증(번개나 천둥에 대한 공포증)보다 더 합리적일 수 있음을 시사한다.

이 사망 원인 주제를 마치기 전에 잉글랜드와 웨일스 사망 원인 리스트에 올라 있는 또 다른 항목을 언급하고자 한다. 2017년과 2018년에 이것이 원인으로 사망한 사람은 한 명도 없었지만, 2016년에는 한 명이 있는 것으로 보고되었다. 그 원인은 바로 '산술 능력 특정 장애'다. 도대체 어떻게 이것이 무엇인지는 모르겠지만 사망한 사람이 있으니 유해성에 대해 경고를 하려고 한다: 숫자에 약한 것은 목숨을 잃을 정도로 치명적일 수 있다(하지만 매우 가능성이 작다).

이스라엘의 심리학자 대니얼 카너먼과 아모스 트버스키는 1970년대부터 인간의 의사결정에 대한 선구적인 실험들을 수차례 수행했고, 그 결과 우리의 잘못된 정신적 노력의 본질과 범위에 대해 많은 것들이 알려지게 되었다. 카너먼은 자신들의 이론을 투자 전략에 적용해 2002년 노벨 경제학상을 받았다. 안타깝게도 트버스키는 1996년에 사망했는데 살아있었다면 분명 공동 수상했을 것이다.

그들이 발견한 것 중 가장 당혹스럽고 광범위하게 영향을 미치는 것은 바로, 합리적인 질문에 대해 사람이 반응하는 것은 문제의 논리뿐 아니라 그 문제가 어떻게 제시되는지에 따라 달라진다는 것이다. 선택지를 약간씩 다르게 제시하는 다음의 세 가지 방법을 살펴보자. 각각의 경우 응답자는 선택지 A와 B 중 하나를 선택해야 한다.

1. 어떤 질병에 대한 두 가지 치료 방법 중에서 하나를 선택해야 한다.

1A. 수술: 수술받은 100명 중 90명은 생존했고 1년 후에도 68명이 살아있었으며 5년 후에는 34명이 살아남았다.

1B. 방사선: 방사선 치료를 받는 100명 모두 치료 후 살아남았다. 1년 후에는 77명이 살아남았으며 5년 후에는 22명이 살아남았다.

트버스키와 카너먼은 이 선택지를 어떤 그룹의 응답자들에게 주었을 때 오직 18%만이 방사선을 선택했다고 보고했다. 하지만 같은 선택지를 약간 변경해서 제시했을 때는 매우 다른 결과를 얻을 수 있었다고 보고했다.

1A. 수술: 수술받은 100명 중 10명이 수술 결과로 사망했다. 32명은 첫해가 지나기 전에 사망했고, 66명이 5년 이내에 사망했다.

1B. 방사선: 방사선 치료를 받은 100명 중 치료 중 사망하는 사람은 없었다. 23명이 첫해가 지나기 전에 사망했고, 78명이 5년 이내에 사망했다.

놀랍게도 이 선택지를 다른 그룹의 응답자들에게 제시했을 때 방사선을 선택한 비율이 44%로 증가했다.

생존율을 제시했을 때 응답자들은 5년 후에도 살아남은 사람의 수에 더 중점을 두었지만, 사망률이 주어졌을 때는 치료 자체의 100% 생존율을 더 중요시하는 것을 볼 수 있다. 하지만 두 수치는 같다.

2. 이것은 미국 경제학자 리처드 탈러가 제시한 도박이다.

2A. 학생들은 30달러 상품에 당첨되었다는 말을 들은 뒤 동전을 던질 기회가 주어졌다. 만약 동전의 앞면이 나오면 39달러를 받을 수 있지만, 뒷면이 나오면 9달러를 잃어서 21달러를 받게

된다.

2B. 동전을 던지지 않고 그냥 30달러를 그대로 가져갈 수 있다.

이런 선택지가 제시되었을 때 70%의 학생들이 동전 던지기를 선택했다. 이후 다른 학생들에게 매우 비슷한 선택지를 다시 제시했다.

2A. 동전을 던져 앞면이 나오면 39달러를 받고 뒷면이 나오면 21달러를 받을 수 있다.

2B. 동전 던지기를 선택하지 않으면 30달러를 받을 수 있다.

이 선택지를 제시한 결과, 43%의 학생들이 동전 던지기를 선택했다. 누군가에게 이미 30달러가 당첨되었다고 말한 뒤 9달러를 더 받거나 잃을 수 있는 선택지를 제시하면 그것을 선택할 확률이 높지만, 아무런 당첨금도 없이 시작한 경우 더 많은 사람이 오직 21달러만 받을 수 있는 결과의 위험을 감수하지 않고 확정적으로 30달러를 받는 선택을 한다는 것이다. 13장에서는 꼬리감는원숭이에게 비슷한 선택지를 주었을 때 어떻게 반응하는지를 살펴볼 것이다.

3. 항아리 게임(미국 심리학자인 마이클 번바움이 제시한 실험)에서 응답자는 다양한 색의 공으로 채워진 항아리 두 개 중에서 하나를 선택해야 한다. 그들은 항아리 안을 볼 수 없고 선택한 공의 색에 따라서 상금이 달라진다. 또한, 참가자는 각 항아리에 어떤 색의 공이 몇 개가 들어있는지와 각 색에 따른

상금을 알고 있다.

3A. A 항아리에는 100달러짜리 검은 공이 85개가 있고, 50달러짜리 흰색 공 10개와 50달러짜리 파란색 공 5개가 들어 있다.

3B. B 항아리에는 100달러짜리 검은 공 85개와 100달러짜리 노란색 공 10개와 7달러짜리 보라색 공 5개가 들어 있다.

이런 선택지를 제시했을 때 대상 중 63%가 B항아리를 선택했다. 하지만 다음의 선택지에서는 매우 다른 결과가 나타났다.

3A. A 항아리에는 100달러짜리 검은 공 85개와 50달러짜리 노란색 공 15개가 들어 있다.

3B. B 항아리에는 100달러짜리 빨간색 공 95개와 7달러짜리 흰색 공 5개가 들어있다.

이것은 단순히 같은 가치를 가진 다른 색의 공을 하나의 색으로 재정리한 것뿐이지만, B 항아리를 선택한 비율이 20%로 감소했다. 제시된 두 선택지는 본질적으로 같으므로 왜 이렇게 다른 결과가 나오는지에 대해 설명하기가 어렵다. 사람들은 공의 종류를 줄였을 때 7달러를 받을 가능성을 더 경계하게 되는 것처럼 보인다.

카너먼과 트버스키는 의사결정에 미치는 이런 흥미로운 영향을 '불변성의 실패'라고 부르며, 그것을 설명하기 위한 행동 모델을 개발해 이것을 전망 이론이라고 이름 지었다. 이 이론은 사람들에게 동등한 선택지를 다른 방법으로 제시할 때, 어떤 것을 더 선택할 가능성이 큰지를 매우 잘 예측하는 것으로 나타났다.

트버스키가 인간의 비합리성에 관한 연구에 공헌한 것은 이것뿐이 아니다. 그는 1969년에 이미 일반 의사결정, 특히나 경제학에 중대한 영향을 미치는 「선호의 비이행성」이라는 훌륭한 논문을 발표했다.

수학에서 이행성은 '같다' 또는 '보다 더 크다'와 같은 관계의 특성으로 잘 알려져 있다. 예를 들어, 'a=b'이고 'b=c'라면 'a=c'가 된다. 또한 'a>b'이고 'b>c'이면 'a>c'가 된다. 트버스키는 누군가가 논리적으로 a보다 b를 선호하고 b보다 c를 선호하지만, 여전히 c를 a보다 선호할 수 있느냐는 질문을 던졌다.

이 질문은 심리학과 경제학 모두에게 어려운 연구 질문들을 제기했다. 이 두 분야 모두 이전 2세기 동안 효용성(utility) 개념에 크게 의존해왔는데, 바로 사람들이 다양한 선택지 중에서 선택할 때 그들은 각 선택의 효용에 대해 전반적인 가치를 의식적으로 또는 무의식적으로 할당한다는 이론이다. 이 '효용성'은 일반적으로 가격이나 선택에 따라 요구되는 노력과 소요시간뿐만 아니라, 측정하기 어렵거나 불가능할 수 있는 기타 여러 요인처럼 다양한 요인들의 균형을 맞추는 것을 뜻한다. 이때 각 선택지에 대한 효용성 값을 계산하고 사람들이 가장 값이 비싼 선택지를 고를 것이라고 가정한다. 하지만 만약에 선호도가 이행되지 않는다면, a보다 b를 더 선호하고 b보다 c를 더 선호하고 c보다 a를 더 선호하는 것처럼 순환될 수 있다. 이는 효용성 이론이 작동하기 위해서는 의사결정이 합리적이라고 가정해야 하고, 사람들이 효용가치를 할당할 능력이 있어야 할 뿐 아니라 그 가치가 이행되어야 한다는 것을 뜻한다.

나는 몇 년 전 슈퍼에서 식후 디저트로 무얼 사야 할지 고민하다가 인간의 선호도가 비이행적이라는 것을 받아들이게 되었다. 나는 매치 메이커(M)과 에프터 에잇(AE) 중, 더 맛있고 M에 비해 더 비싸지 않은 AE를 선호한다. 하지만 같은 이유로 벤딕스 비터민트(B)를 AE보다 더 선호한다. 더 맛있고 가격 차이도 그렇게 크지 않기 때문이다. 하지만 M과 B를 비교하게 되면 B를 사기에는 M의 맛이 나쁘지 않고 B가 훨씬 더 비싸므로 M을 선택했을 것이다. 즉 B〉AE, AE〉M이지만 M〉B가 된다(여기에서 〉기호는 선호도가 더 높은 쪽을 나타낸다).

어떤 노트북을 살지 결정하기 어려운 것도 비슷한 이유다. 가장 싼 199파운드 노트북이 내게 필요한 모든 기능을 수행할 수 있지만, 50파운드를 더하면 그것보다 훨씬 더 빠르게 작업을 할 수 있고, 거기에 50파운드를 다시 추가하면 램 메모리를 올릴 수 있고, 또다시 50파운드를 더하면 유용한 소프트웨어를 포함한 노트북을 살 수 있다. 이렇게 50파운드씩 올라가다 보니 곧 2,000파운드 노트북을 보고 있는 나를 발견했다. 물론 2,000파운드 노트북은 1,950파운드보다 더 나았지만 199파운드 노트북이 내가 필요한 기능을 다 수행할 수 있는데, 왜 2,000파운드짜리 노트북이 필요한지 스스로 물어보게 되었다.

이때 트버스키의 「선호의 비이행성」에 대해서 읽어보지 않았지만,

그 논문을 읽게 되었을 때 내가 경험한 것과 비슷한 예시들을 발견해서 매우 기뻤다. 그는 저녁 식사 후에 먹을 디저트 대신에 인사 담당자가 지원자를 인터뷰하면서 직면하는 문제에 대해 언급했다. 지원자들을 평가하는 주요 기준은 지능 테스트 점수와 과거 경력이었다. 담당자는 지능 테스트 결과의 신뢰성에 대해 약간 의구심이 들고 있었기 때문에, 두 후보자의 IQ 점수가 비슷하면 경험이 더 많은 사람을 선택했다.

A 지원자는 B 지원자보다 IQ가 높았지만 큰 차이가 아니었기 때문에 담당자는 경력이 더 많은 B를 선호했다. 비슷하게 B는 C보다 IQ가 약간 더 높았지만 그렇게 큰 차이는 아니었고 C가 경력이 더 많았기 때문에 C를 선호했다. 하지만 A와 C를 비교하니 IQ의 차이가 충분히 크기 때문에 A를 뽑아야 할 것 같다고 느꼈다.

내 노트북 예제와 유사하게 트버스키는 자동차를 사는 남자에 관한 이야기를 남겼다:

그는 처음에 2,089달러짜리 가장 단순한 모델을 사려 했다. 하지만 판매원이 옵션과 액세서리에 관해 설명하자 큰 비용이 들지 않는 파워 스티어링을 추가하기로 해서 총비용이 2,167달러가 되었다. 그런 다음 비슷한 논리로 자동차 라디오를 업그레이드해 47달러가 추가되었고 파워 브레이크에 64달러를 소비했다. 이런 과정을 여러 번 반복하면 소비자는 사용 가능한 모든 액세서리가 장착된 2,593달러짜리 자동차를 구매하게 된다. 그러나 이 시점에서

풀 옵션의 차를 구매하기 위해 기본 모델보다 504달러를 더 지출할 의사가 없다는 사실을 깨닫게 되면, 가장 단순한 기본 모델을 선호할 수도 있다.

트버스키는 의사결정을 위한 효용가치를 할당하는 데 필요한 수학적 이행성 조건에 대해 계속 논의했지만, 이것은 1969년 〈심리학 리뷰〉 저널에 출판된 후 반세기가 넘게 아직도 풀리지 않은 논쟁의 여지가 있는 문제로 남아 있다. 이행성을 보장하는 효용가치를 정의할 수 있다고 주장하는 사람들은 나처럼 식후 디저트를 구입해본 적이 없는 사람일 것이다.

훨씬 더 큰 규모에서 볼 때 사람들이 위험에 대해 일반적으로 평가하는 것과 그것에 대해 반응하는 것은, 발생할 수 있는 위험의 잠재적 규모를 어떻게 평가하는지에 따라 크게 영향을 받는다. 위협에 대한 즉각적인 감정적 반응은 나중에 시간이 지나서 분석하는 것보다 더 극단적일 수 있다. 인류가 가능한 위험에 대해 감정적으로 과잉 반응하는 것이 진화에 매우 긍정적인 요소였다는 유력한 주장도 있다. '의심스러우면 도망쳐'라는 매우 높은 생존가치가 있는 정책이다. 2001년 9월 11일 펜타곤과 세계무역센터 테러공격의 여파로, 사람들이 어떻게 과잉 행동 반응을 하는지 살펴볼 수 있다.

테러공격 10년 이후 시행된 설문조사에 따르면 미국인의 52%가 테러의 피해자가 되는 것에 어느 정도 또는 매우 걱정한다고 보고했다. 미국의 사망자 중 0.01% 미만만이 테러 때문이라는 사실에도 불구하고 사람들이 이렇게 받아들이는 것이다.

테러공격 직후 미국인의 40%는 해외여행을 할 의사가 별로 없고, 약 3분의 1은 비행기를 타지 않으려고 한다고 응답했다. 2009년 〈응용 경제학〉 저널에 실린 「9/11 이후 운전 사망자」에 따르면 "시간 추세와 날씨와 도로 상태와 기타 요인을 제어한 후 여행자들의 반응을 보았을 때, 9/11 사건으로 인해 비행기를 피하고 자동차를 탐으로써, 2001년 말 매달 327건의 운전으로 인한 사망이 9/11 사건에 기인했다. 또한, 9/11의 영향이 점차 줄어들었지만 약 2,300명의 운전 사망 건에 영향을 미쳤다." 이는 9/11 사건 때문에 생긴 비행 공포 때문에 발생한 교통사고 사망자의 수가, 테러공격의 피해자인 2,977명을 쉽게 추월했을 것이라고 강력하게 시사한다.

테러공격 2개월 후 한 연구에 따르면 공격을 개인적으로 경험한 뉴욕 시민의 12%가(쌍둥이 빌딩에서 탈출했거나 피해자를 알고 있거나 구조 작업을 도운 사람들) 외상 후 스트레스 장애(PTSD)를 겪고 있다고 보고했다. 놀랍게도 뉴욕에 살고 있지 않은 미국인의 4.3%가 비슷한 반응을 보였다.

마지막 그룹의 경우 개인들이 받는 영향은 사고 당시에 보았던 TV와 신문 보도의 양과 관련이 있는 것으로 나타났다. 물론 미디어는 재난 관련 기사들이 시청자를 끌어들이고 잘 팔린다는 것을 알고 있으며, 테러공격이든 전염병이든 화산 폭발이든 우선 최악의 시나리오를 제안하는 것처럼 보인다. 그에 따라 라이벌 매체는 살해되었거나 살해될 가능성이 있는 숫자에 대한 더 많은 추정치를 제시한다. 9/11 초기 보고서에 따르면 수만 명에 이르는 사람이 사망했을 가능성이 있는 것으로 나타났으며, 점차 줄어들다가 마침내 3,000명 미만으로 정착되었다.

개인은 발생할 확률이 낮지만 발생 시 재난이 될 가능성이 크고 영향을 받는 자신이 통제할 수 있는 범위를 벗어난 위험을 과대평가 할 가능성이 크다. 이를 '두려운 위험(dread risk)'이라고 부르며 자동 차를 운전하는 것보다 비행을 두려워하는 사람들이 더 많은 이유를 설명한다. 비행기 추락은 일반적으로 사망 확률이 매우 크고 승객은 그것에 대해 아무것도 할 수 없다. 적어도 자동차 교통사고는 살아남 을 가능성이 크고 반사신경이 좋으면 사고를 예방할 수 있다고 기대 할 수 있다.

미디어가 '두려운 위험'을 다루는 방법 때문에 더욱 공포가 증폭 된다. 2019년 옥스퍼드 대학의 세계변화데이터연구소는 미국의 전체 사망 중 각 사망 유형의 비중이 어떻게 되는지, 또 미디어가 얼마나 자주 그것들을 다루는지, 사람들이 구글에서 얼마나 자주 검색하 는지에 대한 빈도를 보고했다. 그중 몇 가지를 여기에서 살펴보고자 한다.

이 보고서에 따르면 '우리가 실제 죽는 원인과 그 원인이 얼마나 자주 언론에 보도되는지는 크게 분리되어 있다.' 또한 우리를 두렵 게 하는 것에 관해서는 신문을 읽지만, 실제로 그것이 어떻게 우리에 게 영향을 미치는지를 알기 위해서는 구글에 검색한다고 생각할 수 있다.

사망 원인	빈도	신문 보도 비율	구글 검색 비율
심장병	30%	2.5%	2%
암	30%	13.5%	37%
자동차 사고	8%	1.9%	10.7%
자살	1.8%	10.6%	12.4%
타살	0.9%	22.8%	3.2%
테러공격	<0.1%	35.6%	7.2%

사람들이 어떤 것을 얼마나 두려워하는지 물어보는 과정에서 다른 문제가 발생한다. 응답자들의 대답은 알려지지 않은 다양한 양상들의 조합을 반영할 것이다; 위험의 심각성, 발생 가능성, 그것이 개인적으로나 집단에 끼칠 수 있는 고통의 불편함 등. 다른 사람들은 자신들이 알지도 못하는 각기 다른 방법으로 이러한 요소들을 조합할 것이다.

오리건 대학의 심리학 교수이자 위험 조건에서 의사결정을 조사하는 전문 기업 디시전 리서치(Decision Research)의 회장 폴 슬로빅은 1987년 '위험 인식'에 대해 매우 영향력 있는 논문을 썼다. 이 논문은 핵무기, 권총, 가전제품, 예방 접종에 이르는 다양한 30개의 활동을 여성 유권자 연맹, 대학생, 전문가 집단 등 다양한 그룹의 사람들에게 제시해, 그들이 어떤 활동을 얼마나 위험하다고 느끼는지 기록하도록 했고 그 그룹들은 몇 가지 흥미로운 차이를 보여주었다.

여성 유권자와 학생 모두 핵무기를 최우선 순위에 올렸지만, 전문가들은 그것을 20위에 두는 것에 그쳤다. 하지만 전문가들은 엑스레이를 7위에 두었고, 학생들은 17위, 여성 투표자들은 22위로 두었다. 가장 큰 의견 차이는 수영에서 발생했는데, 전문가는 수영을 10위에 두었고 여성 유권자들은 19위 학생들은 30위로 두어 가장 안전하다고 보았다.

슬로빅은 '전문가들은 위험을 판단할 때 연간 사망자 수에 대한 기술적 추정치와 높은 상관관계를 보였다. 일반인이 '위험'을 판단하는 방법은 재앙이 일어날 가능성, 미래세대에 대한 위협처럼 다른 위험의 특성과 연관되어 있다'라고 하며 '연구를 통해 사람들이 원자력의 장점은 너무 과소평가하고 위험은 너무 과대평가하는 것을 볼 때 …… 사람들은 위험이 알려지지 않았고 무섭고 제어할 수 없고 불공평하며 재앙적이고 미래세대에 영향을 미칠 가능성이 크다고 본다는 것을 알 수 있다'라고 부언했다.

사람들은 공룡을 멸종시킨 크기의 소행성이 지구에 충돌하는 것처럼, 자신들이 경험해본 적이 없는 위험을 알려지지 않은 두려운 위험 목록에 올린다. 한 추정치에 따르면 우리는 약 25만 년에 한 번씩 그런 소행성 충돌로 최소 75억 명이 사망하리라 예측할 수 있지만, 그것에 대한 공포증으로 고통받는 사람은 거의 없다(소행성은 우주를 돌며 태양을 공전하는 암석을 말한다. 지구 대기권에 들어와 불타거나 지구 표변에 부딪히게 되면 그것을 유성이라고 부른다).

아마도 소행성 충돌이 일어날 때쯤이면 그것들을 적시에 탐지하고 부술 수 있는 과학적 전문 지식이 개발되어 있으리라 생각하며 소행성 충돌의 위험을 무시할 수 있다. 또는 어차피 25만 년마다 75억 명이 사망한다는 것은, 평균적으로 1년에 3만 명이 사망한다는 것으로 교통사고보다도 훨씬 적으므로 위험이 그리 크지 않다고 생각할 수도 있다.

　이 장을 요약하는 가장 적절한 문구로, 슬로빅이 인용했던 미국의 정치 과학자 아론 윌다브스키가 1979년에 한 논평을 재인용하고자 한다. '가장 부유하고, 가장 오래 살며, 가장 잘 보호되고, 가장 수완이 풍부하면서 자체 기술에 대해 수준 높은 통찰력을 가진 문명이, 가장 겁이 많은 문명이 되어가고 있다니 얼마나 대단한가!'

CHAPTER 4

스포츠의 수학

승리와 패배 사이의 무작위성

—

페널티 킥을 차는 가장 좋은 슈팅 전략은 상단 두 모서리를 겨냥하는 것이다.
적절한 훈련은 그런 슈팅을 할 때 발생하는 실수를 줄이는 데 도움이 될 것이다.

- 마이클 바-엘리와 오퍼 H. 아자르, 「축구에서의 페널티 킥: 슈팅 전략과 골키퍼의
'선호도'에 대한 경험적 분석」, 〈축구와 사회〉, 2009

1996년 캘리포니아의 심리학자인 니콜라스 크리스텐펠드가 매우 저명한 저널인 〈네이처〉에 보낸 편지는 매우 심오한 관찰 결과를 담고 있었다. 그에 따르면 스포츠팬들은 감동과 힘과 훌륭한 퍼포먼스와 폭력성과 흥분을 일으키는 특성뿐만 아니라, '기술과 운이 아주 잘 조정되어 섞여서 발생하는 결과'에 매력을 느낀다고 한다.

그는 미묘한 균형이 필요하다는 점을 구체적으로 설명하면서 '운이 너무 많은 부분을 차지하는 대회는 상대적 능력을 측정하는 데 무의미하다. 하지만 운이 너무 적게 작용하는 경기는 긴장감을 떨어뜨린다'라고 덧붙였다. 즉, 관객들은 더 실력이 좋은 선수가 대부분은

이기지만, 때때로 발생하는 반전의 결과가 주는 전율을 즐긴다는 것이다.

이러한 견해는 스포츠가 관중과 참가자 모두에게 주는 매력 포인트의 진정한 본질을 간결하게 요약한다. 앞으로 보게 되겠지만 스포츠 이면의 수학을 이해하게 되면 단순히 승리를 즐길 수 있는 것에 더해, 어떻게 기술과 운이 경기 결과에 영향을 미쳤는지를 이해할 수 있는 시각을 갖게 될 것이다.

크리스텐펠드의 계산에 따르면 그의 주장은 개별 경기의 결과에 적용될 뿐만 아니라, 어떻게 다양한 스포츠들이 전체 시즌 결과를 구성하기 위해 자체적인 구조를 발전시켜왔는지에도 적용된다. 단일 게임의 결과에서 운이 차지하는 비율이 더 높을수록, 리그 시즌에서 전체적으로 최고의 팀을 결정하는 데 필요한 경기의 수가 더 많아진다.

한 시즌에 162경기를 하는 야구에 비해 미식축구는 한 시즌에 16경기만을 진행한다. 크리스텐펠드는 이런 스포츠들을 살펴보면서 한 팀이 자신보다 최종 리그 순위가 낮은 팀에 얼마나 자주 패배하는지를 살펴보았다. 그리고 계산을 통해 시즌이 끝날 때 최고의 팀이 리그 1위를 차지할 확률은 거의 모든 스포츠에서 비슷하다는 점을 보여주었다. 즉, 각 스포츠의 구조는 기술과 기회의 균형을 같이 유지해서 시즌이 끝날 때 그 리그의 최고의 팀이 1위를 차지할 수 있는 확률이 일정하게 유지되도록 경기의 수를 조절하면서 진화해왔다.

그것을 들으니 갑자기 모든 것들이 명확해졌다. 크리스텐펠드의 글을 읽기 전에는 골프 경기를 관람하는 것이 너무나도 지루하게 느꺼졌다. 선수들은 몇 차례 공을 쳐서 구멍에 가까워지도록 한 다음 구멍에 공을 넣으려고 한다. 때로는 공이 홀에 들어갔고 때로는 빗나갔다. 물론 더 실력이 좋은 선수는 실력이 떨어지는 선수에 비해 더 자주 성공할 것이지만 나는 별 관심이 없었다. 이제는 더 통계적인 관점에서 스포츠를 살펴보고자 한다. 내가 골프 경기에서 발견한 것은 무작위 변수가 변동하는 것이었다. 마치 동전 던지기의 결과가 앞면과 뒷면 사이에서 무작위로 변동하고 주사위를 굴리면 1과 6 사이에서 값이 변동하는 것처럼, 골프 선수의 퍼팅은 성공과 실패 사이에서 변동한다. 동전 던지기 또는 주사위 굴리기 또는 골프 퍼팅을 통해 동전이나 주사위가 특정 면 또는 숫자가 더 잘 나오도록 조작되어 있는지 또는 골프 선수가 얼마나 실력이 좋은지 알 수 있다.

라운드당 18홀로 4라운드 72홀로 구성된 골프 경기는, 골프 선수의 실력을 평가할 충분한 기회를 준다. 하지만 최고의 선수조차도 자신보다 실력이 낮지만 그날 운이 좋았던 선수보다 성적이 나쁠 수 있고, 백여 명의 다른 선수들과 경쟁하다 보면 그중 한 사람이 더 좋은 결과를 낼 확률이 상당히 높기 때문에, 경기에서 질 수도 있다.

동전을 72번 던지면 앞 뒷면이 편향되었는지를 충분히 알 수 있는 것처럼, 72개의 홀을 통해 최고의 선수가 누구인지 알 수 있지만, 두 경우 모두 그것에 대해 확신할 수는 없다.

또 다른 예로 잉글랜드 프리미어리그를 살펴보자. 2018~2019시즌 경기당 평균 골의 수는 1.41골이다. 맨체스터 시티와 리버풀 두 팀만이 각각 평균 2.5와 2.34로 2골 이상의 골을 냈다.

경기 90분 동안(추가 시간 제외) 맨체스터 시티의 경우 36분마다 1골을 넣고 리버풀의 경우 38.46분마다 1골을 기록한 셈이다. 90분은 35분 또는 40분에 한 번만 발생하는 골의 실제 빈도를 추정하는 데 충분한 시간이 아니다. 그러므로 때때로 약팀이 강팀을 이길 수도 있고 그런 결과가 관중을 흥분하게 한다.

테니스의 특이한 규칙은 관중의 관심을 유지해야 할 필요성의 결과라고 설명할 수 있다. 두 선수 중 누가 더 잘하는지 정말 알고 싶다면 한 명씩 서브를 넣으며 100번 반복한 뒤 마지막에 누가 더 많은 점수를 기록했는지 보면 된다. 그것은 더 나은 선수를 확인하는 매우 좋은 방법이지만, 운의 개입을 감소시키기 때문에 관중들이 볼 때 재미가 떨어지게 된다. 대신 테니스는 총 점수를 게임(4포인트), 세트(6게임), 경기(3세트 또는 5세트)로 나누어서, 총 점수를 논하는 큰 숫자 게임을 작은 점수의 세트 경기로 발전했다.

2019년 윔블던 남자 단식 결승전의 수치가 이것이 어떤 결과의 차이를 만들어내는지 볼 수 있는 좋은 예시다. 패더러는 조코비치보다 더 많은 포인트를 얻었고(218대 204) 더 많은 게임에서 승리했지만(36대 32) 조코비치가 3:2 세트 스코어로 경기에서 승리했다.

테니스의 점수 시스템은 그러한 변칙을 만들기 위해 매우 정교하게 설계될 수밖에 없었다. 최고 수준의 남자 테니스에서는 서브를 넣는 쪽이 3번당 2번씩 승리한다. 이 수치를 볼 때 서브를 받는 선수가 그 게임에서 이기는(서비스 브레이크) 확률은 7분의 1밖에 되지 않는다. 즉, 10게임에서 한 번 정도 서비스 브레이크가 일어나서 6:4로 세트를 가져가기에 충분하다는 뜻이다. 약 60포인트를 플레이하면서 무작위로 발생하는 한 번의 서비스 브레이크가, 그 모든 포인트를 한 선수의 세트에 주는 것이다.

두 명의 네덜란드 통계학자들 덕분에 테니스는 실제로 가장 수학적으로 많이 분석된 게임이 되었으며 그 분석 결과는 매우 재미있다.

틸뷔르흐 대학의 경제 연구센터에서 근무하는 프랑크 클라센과 얀 R. 마그누스는 열정적인 윔블던 팬이다. 1996년 토론 논문인 '테니스 가설 검증'이라는 아이디어가 있었는데, 이들은 2014년 그 결과를 확장해 『윔블던 분석: 통계의 힘(Analyzing Wimbledon: The Power of Statistics)』이라는 책을 출판했으며 여기에서 놀라운 계산 값들을 제시했다.

윔블던에서 열린 남자 단식 테니스 경기에서 한 포인트는 약 5초 동안 진행된다. 한 게임은 약 여섯 포인트 또는 30초 동안 진행된다. 한 세트는 약 열 게임, 즉 5분이 걸린다. 그리고 한 경기는 넷 세트 또는 20분이 소요된다고 예측할 수 있는데, 실제로는 한 경기는 20분이 아니라 3시간 정도 걸리고 시청 시간 중 약 10%만이 실제 경기가 차지하며, 나머지는 해설자가 채워야 하는 시간들이다.

그들이 지적한 것처럼 그 시간을 채워야 하는 해설자들의 일이 힘들지만, 그들은 보통 일반적으로 받아들여지는 레퍼토리를 반복해서 말한다. 새로운 공을 사용하는 것이 더 유리하다, 한 세트에서 먼저 서브를 하는 선수가 세트를 딸 확률이 더 높다, 보통 한 세트에서 일곱 번째 게임이 가장 중요하다 등.

클라센과 마그누스는 그러한 아이디어를 약 20개 정도 작성한 뒤, 통계적 방법을 사용해서 어떤 것이 사실인지 알아내는 작업을 했다. 그들의 분석 결과 받아들여지던 정설 중 통계적으로 바르다고 판정된 것보다, 다르다고 판정된 것들이 더 많았다. 새 공을 쓰는 것은 더 유리하지 않다. 각 세트의 일곱 번째 게임은 특별히 더 중요하지 않다. 먼저 서브를 넣는 것은 첫 번째 세트에서만 유리하다. 이후의 세트에서는 먼저 서브를 넣는 선수가 더 세트를 잃을 확률이 높다.

실제로 이 마지막 항목은 설명하기 쉽다. 이전 세트의 마지막 게임에서 서브를 받은 선수가 새 세트에서 먼저 서브를 넣는다 (비교적 드문 타이 브레이크인 경우를 제외하고). 첫 세트에서는 서브를 받는 선수가 넣는 선수보다 이길 가능성이 적으므로 그 세트를 잃었을 가능성이 큰데, 이것은 그 선수가 더 실력이 떨어지는 선수일 수도 있으므로 새 세트 또한 질 확률이 더 높아진다.

그러한 자세한 통계수치들은 테니스 선수들과는 별로 관련이 없는 것처럼 보일 수 있지만, 이 주제를 마치기 전에 또 다른 네덜란드의 통계학자가 발표한 흥미로운 결과를 살펴볼 가치가 있다. 1995년 마스트리히트의 렉스 보건스는 보리스 베커가 피트 샘프라스에게 졌던 윔블던 결승전에 대해 흥미로운 논평을 했다. 그는 베커가 더 많은 더블 폴트(서브를 두 번 실패해 한 포인트를 잃는 것)를 기록했다면 경기에서 이겼을 것이라고 지적했다.

경기의 통계를 살펴보면 그의 주장에는 논란의 여지가 없다. 그는 베커가 140개의 서브를 했고 그중 제대로 들어간 73회에서 58점을 얻었지만, 첫 서브에 실패해 두 번째로 들어간 67회에서는 단 26점만을 얻었다는 점을 지적했다. 따라서 서브의 52%(73/140)가 유효하고 48%가 잘못되었지만, 첫 서브가 들어갔을 때 79%(58/73) 확률로 점수를 얻었다. 하지만 두 번째 서브에서 점수를 얻을 확률은 39%(26/67)에 불과했다.

보통 첫 서브는 공격적으로 하고 그걸 실패한 경우 두 번째 서브는 안정적으로 넣는다. 따라서 만약 그가 두 번째 서브 역시 첫 서브처럼 공격적으로 진행했다면 기존의 15회보다 많은 32회의 더블 폴트를 범해 17점을 잃지만, 두 번째 서브에서 41%(52% 서브 유효율×79% 득점률)의 확률로 점수를 획득했을 것이다. 이것은 안정적으로 두 번째 서브를 넣는 것(52% 서브 유효율×39% 득점률)보다 더 나은 결과를 얻었을 것이다.

물론 이것이 수학적으로 관심을 끌었던 서브의 유일한 측면은 아니다. 서브를 넣는 선수가 공을 어느 방향으로 해야 하고 받는 선수가 어디에 위치해야 하는지에 대한 질문은, 수학 분야에서 게임 이론이라고 알려진 이론을 통해 잘 모델링되었다.

애리조나 대학교의 두 경제학자 마크 워커와 존 우더스는 1998년과 2001년 사이에 테니스에서 서브의 중요한 측면 중 하나를 단순한 동전 던지기 유형의 게임과 비교한 논문들을 발표했다. 게임에서 첫 번째 플레이어는 앞면 또는 뒷면을 선택한다. 두 번째 플레이어는 상

게임 이론

일반적으로 수학은 문제를 해결하거나 합리적인 결정을 내리는 것과 관련이 있지만, 만약 자신의 노력을 좌절시키려는 상대가 있다면 어떨까? 게임 이론은 바로 그런 질문에 답하기 위해 고안되었다. 1930년대 헝가리계 미국의 수학자 존 폰 노이만은 플레이어의 전략이 성공하거나 실패하는 것은 자신의 결정뿐만 아니라 상대방의 결정에도 영향을 받는다는 가정하에 게임을 분석하는 이론을 개발했다. 이것은 기본적으로 한 플레이어가 승리하고 다른 플레이어는 패배해 이득과 손해를 더해서 0이 되는 2인용 제로섬 게임에 적용된다.

게임 이론은 1950년대 존 내시가 광범위하게 개발했으며, 그의 업적은 이후 책과 영화 〈뷰티풀 마인드〉에서 잘 묘사되었다. 그가 한 공헌 중 가장 중요한 것은 모든 제로섬 게임이 각 플레이어에 대해 최적화 전략을 최소한 한 세트 이상 제시한다는 것을 증명한 것이다. 이때 플레이어는 다른 플레이어의 전략이 변하지 않는다면 자신의 전략을 변화시켜서 얻을 수 있는 것이 없다. 그런 종류의 전략은 '내시 균형'이라고 알려지게 되었고, 이 개념은 단순한 2인용 게임에 적용되기 위해 개발되었던 게임 이론이 그것을 넘어 경제, 정치, 생물학, 그 외에도 다양한 분야로 확장되는 데 큰 역할을 했다.

대방이 어떤 선택을 했는지 예측한다. 두 번째 플레이어가 정확하게 맞추면 게임에서 이기지만, 틀리면 첫 번째 플레이어가 승리한다.

이 동전 던지기 게임이 테니스에 적용되는 것은 첫 번째 선수가 서브를 보내는 방향에 관한 것이다. 그 선수는 중간을 향해 서브를 넣을까 아니면 좌우로 공을 보낼까? 서브의 속도가 매우 빠르므로 서브를 치기도 전에 두 번째 선수는 서브를 받기 위해 어디에 서야 할지 또 좌우 중 어떤 방향으로 움직여야 할지 결정해야 한다.

이것은 각 게임의 포인트가 한 플레이어에게만 가기 때문에 간단한 제로섬 게임에 해당한다. 한 플레이어가 이긴 점수는 다른 플레이어가 잃은 점수와 같다. 1920년대 말 존 폰 노이만은 자신이 하는 게임에 대해 잘 알고 있는 플레이어들이, 상대방이 무엇을 하든지 그에 맞추어 손실을 최적화하고 이득을 최대화한다고 알려진, 미니맥스(Minimax)라는 최적화 전략을 사용한다는 것을 입증했다. 워커와 우더스는 자신들의 논문을 '윔블던의 미니맥스'라고 불렀고 최고의 선수들이 폰 노이만의 규칙을 따르고 있는지 확인하고자 했다.

이 이론에 따르면 두 플레이어가 최적의 전략을 선택하면, 서브를 넣는 선수가 좌우에서 얻는 포인트와 중간에서 얻는 포인트가 같으리라 예측된다. 두 가지 유형의 서브를 넣는 비율 또한 같을 것이다. 놀랍게도 두 가지 예측 모두 실제 데이터에서 증명되었으며, 이후 다른 이들이 한 분석에서도 확인되었다.

최적화 전략인 미니맥스 이론은 선수들이 서브의 방향을 무작위로 바꾸도록 조언하지만 (최고 수준의 테니스 선수를 포함한) 모든 사람은 무작위 배열을 만들어내는 능력이 매우 떨어지는 것으로 잘 알려져 있기 때문에, 이것이 최적화 전략에서 잘 지켜지지 않는 유일한 부분으로 나타났다. 예를 들어, 사람이 동전을 던지는 것을 모의 실험하기 위해 앞면과 뒷면을 정하게 되면 앞면과 뒷면이 바뀌는 순서 쌍을 너무나도 자주 만들기 때문에 실제 무작위 결과와는 매우 다른 배열이 만들어지게 된다. 유사하게 최고의 테니스 선수들 또한 무작위 방법보다 너무 자주 서브의 방향을 바꾸는 경향을 보였다.

축구의 페널티 킥 관행 또한 매우 유사하며 통계학자들의 많은 관심을 받았다. 페널티 킥은 테니스 서브와 마찬가지로 왼쪽 오른쪽 중앙 방향을 정하고 높거나 낮게 조준해야 한다. 골키퍼는 슛의 방향을 예측하고 왼쪽/오른쪽으로 도약하거나 자신이 서 있던 곳에 머물러야 한다. 최고의 골키퍼들은 페널티 킥을 찰 가능성이 큰 선수들이 어떤 방향으로 공을 자주 차는지에 대한 정보를 외우고 있고, 그것을 바탕으로 자신의 전략을 선택하는데, 키커와 골키퍼 모두에게 가장 좋은 결과를 내는 전략은 폰 노이만의 미니맥스다.

경제학 교수이자 프로축구 클럽인 빌바오 아틀레틱의 유망주 식별 책임자인 이그나시오 팔라시오스 후에르타는 2003년 「프로 선수들은 미니맥스 방식으로 경기를 치른다」라는 제목의 논문에서 1,417개의 페널티 킥을 분석했다. 그는 유럽 전역의 프로리그에서 선수들이 최고의 혼합 전략을 채택하고 있는지 검증한 결과, 축구 선수들이 실제로 미니맥스 전략을 채택하고 있다고 칭찬을 남겼다.

프로축구 선수들의 페널티 킥에 대한 경험적 증거는, 플레이어들이 균형에 맞추어서 플레이한다는 가설에서 파생된 두 가지 경험적 시사점들의 중요한 증거가 된다. 서로 얼굴을 마주 보고 한 번의 숏으로 골을 결정하는 이 페널티 킥을 위해 선수들은 무작위적인 방향 배열을 만들고, 2인용 제로섬 게임에서 승리할 올바른 방법을 알아차리는 직감을 개발하기 위해 수많은 시간을 보냈을 것이다.

그러나 다른 통계학자들은 축구 선수들이 여전히 경제학에서 배울 것이 많다고 주장했다.

페널티 킥 통계를 떠나서 잉글랜드 축구리그 감독에 대한 수학으로 넘어가 보자. 이 주제는 많은 관심을 불러일으켰는데 바로 팀이 언제 감독을 해고해야 하는지에 대한 문제다.

1997년 3명의 영국 경제학자들(리처드 아우다스, 스티븐 돕슨, 존 고다드)은 「영국 축구 리그의 팀 성과와 경영 변화」라는 제목으로 1972년에서 1993년 사이의 흥미로운 축구 결과들을 분석해 발표했다. 처음에는 감독을 교체한 효과가 나타나는 것으로 보인다. 신임 감독 아래의 첫 18경기 결과를 그 이전의 18경기의 결과와 비교해보면 상당한 개선이 나타나는데, 그것은 팀의 성적이 낮았을 때 감독을 해고하기 때문에 성적이 낮은 단계에서 올라가기가 더 쉬우므로 예상된 결과일지도 모른다.

그래서 그들이 다음에 살펴본 것은 비슷한 순위에서 감독을 변경한 팀과 변경하지 않은 팀의 결과를 비교하는 것이었다. 놀랍게도 어려운 시기에 감독을 신임한 팀이 감독을 해임한 팀보다 더 좋은 성과를 내는 것으로 나타났다. 그들은 '감독의 변화가 감독 해고 이후 팀 성과에 해로운 영향을 미친다'라고 결론지었다.

그러나 5년 후 크리스 호프가 케임브리지 경영대에서 쓴 「언제 축구 감독을 해임해야 하는가」에서 더 복잡한 내용을 살펴볼 수 있다. 그는 프리미어리그 여섯 시즌을 분석해 감독의 임기가 보통 여러 단계를 거친다는 것을 제시했다.

영감: 새로운 감독 체제에서 팀이 영감을 받아 좋은 성적을 내는 시기

재구축: 팀의 구성이 변하면서 결과가 하락하는 시기

노화: 재건된 팀이 적절한 형태를 취하고 지속해서 높은 기준을 달성하면서 시간이 흐르는 시기

하락: 감독과 선수가 모두 추진력을 잃고 결과가 나빠지는 시기

쇠퇴: 감독이 하락 과정을 막지 못하고 상황이 악화하는 시기

논문 제목에 답하기 위해 크리스 호프는 위 프로세스의 기간이 어떻게 되는지를 살펴보고, 팀이 감독을 퇴출해야 하는 시기를 계산하는 공식을 찾기 위해 방대한 컴퓨터 분석을 수행했다.

그와 그의 컴퓨터 계산은 새로운 감독의 허니문 기간은 8경기로 제한하도록 권고했으며, 그중 마지막 5경기에 총 가중치의 47%를 부과해 성과를 평가해야 한다. 감독은 게임당 평균 골 수가 0.74 이하로 떨어질 때 해고되어야 한다.

통계학자들이 좋아하는 골프로 다시 돌아가보자. 하지만 먼저 많은 스포츠와 매우 관련이 있는 또 다른 성능 측정 수치를 도입해야 한다. 우리는 이미 평균(mean)과 중앙값과 최빈값의 세 가지 유형의 평균을 살펴봤지만, 장기간에 걸쳐 선수의 실력을 설명할 때는 그 변동성을 나타내는 척도가 필요하다. 예를 들어, 두 명의 크리켓 선수가 모두 평균 50의 타점을 기록할 수 있지만, 한 선수는 주로 40에서 60 사이에서 득점하는 반면 다른 한 명은 0과 100 사이에서 득점한다면 그 둘을 같다고 볼 수는 없을 것이다.

이것을 설명하기 위해 계산되는 통계 수치를 표준편차라고 한다. 이것은 각 값을 평균에서 뺀 뒤 제곱해 다시 평균을 구한 값의 제곱근으로 다소 복잡하고 무섭게 보이지만 너무나도 유용하다.

표준편차

약간 모호하게 들릴 수도 있지만 표준편차는 편차보다 표준에 훨씬 더 가깝다. 무슨 말인가 하면 이 수치는 어떤 변수의 값들이 퍼져 있는 정도를 측정하는 데 매우 유용하다는 것이다. 그 값들의 범위가 넓을 수도 좁을 수도 있고 크거나 작을 수도 있다. 그것이 바로 표준편차가 나타내는 것이다.

특히나 표준편차는 평균에서의 모든 값의 거리를 제곱한 뒤 다시 평균을 내고 제곱근을 구해 정의된다. 무섭게 들리지만 그렇게 복잡하지는 않다. 우선 모든 값을 더하고 모든 값의 수로 나누어 평균을 계산한 다음, 각 값에서 평균까지의 거리를 구하고(값에서 평균을 빼거나 평균에서 값을 뺌) 그것을 제곱한다. 그

다음 제곱된 편차값들의 평균을 계산한다.

직선거리 값을 사용하지 않고 거리의 제곱을 사용하면 평균에서 멀리 떨어진 값에 더 높은 가중치를 부여하게 되어 훨씬 더 유용하다. 이러한 제곱 거리의 평균을 분산이라고 하고 표준편차는 그 분산의 제곱근에 해당한다.

일반적인 정규분포의 경우(곧 무엇인지 설명할 것이다) 데이터의 약 68%가 평균에서 1 표준 편차 내에 위치하고 95%가 2 표준편차 내에 위치하며 99.7%가 3 표준편차 내에 위치할 것으로 예상된다. 영국에서 지난 세기 동안 평균 연 강수량은 약 930mm이고 표준편차는 115mm다. 즉, 100년 중 95년 동안 700~1,160mm의 비가 내렸을 것이고(평균에서 2 표준편차 이내) 1,000년마다 3년 동안 585mm 미만 또는 1,275mm 이상의 비가 올 것으로 예상된다.

이제 표준편차의 예를 살펴보자.

한 학교의 두 반(학생 각 6명)이 7개의 문제로 구성된 시험을 쳤다고 가정해보자. 한 반은 7점 만점에서 1, 2, 3, 4, 5, 6점을 받았고 다른 반은 0, 3, 3, 4, 4, 7점을 받았다. 두 반 모두 평균 점수는 3.5점이다. 두 번째 반은 한 학생은 모든 문제를 틀렸고 다른 학생은 모든 문제를 맞혔지만, 이 결과는 첫 번째 반에서는 볼 수 없다. 즉, 두 번째 반이 첫 번째 반보다 더 점수 분포가 크다. 우리는 이것을 숫자로 표현하는 척도가 필요하다.

한 가지 방법은 모든 점수가 평균에서 얼마만큼 떨어져 있는지 살펴보는 것이다. 첫 번째 반은 2.5, 1.5, 0.5, 0.5, 1.5, 2.5만큼 떨어져 있고 두 번째 반은 3.5, 0.5, 0.5, 0.5, 0.5, 3.5만큼 떨어져 있다. 두 반 모두 평균은 1.5가 되기 때문에 거리의 평균을 통해서는 두 반을 구분할 수 없다.

하지만 거리를 제곱하게 되면 멀리 떨어진 값에 더 중점을 두게 된다. 첫 번째 반은 이제 6.25, 2.25, 0.25, 0.25, 2.25, 6.25 값을 가지고, 두 번째 반은 12.25, 0.25, 0.25, 0.25, 0.25, 12.25의 값을 가진다. 첫 번째 반의 평균은 2.92이고 두 번째 반의 평균은 4.25다.

이것은 평균과 각 값의 차의 제곱을 평균한 것이다. 몇 문단 전으로 돌아가 보면 표준편차의 정의에서 나온 그대로다. 이제 우리가 해야 할 것은 2.92와 4.25의 제곱근을 계산해 두 그룹의 표준편차의 차이를 확인하는 것이다. 첫 반의 표준편차는 1.71이고 두 번째 반의 표준편차는 2.06이다.

마침내 우리는 두 그룹 간의 차이를 나타내는 수치를 얻었고, 표준편차는 측정값이 모집단 전체에 어떻게 분포되어 있는지를 알려주는 매우 중요한 요소로 밝혀졌다. 통계학자들은 측정값을 막대 차트로 그릴 때 평균에서 최고점으로 상승한 뒤 천천히 감소해 대칭적인 종 모양의 분포를 형성하는 것을 소위 '정규분포' 곡선에 근사한 데이터들을 선호한다.

우리는 어떤 값을 측정할 때 이 소위 정규분포라 부르는 곡선에 근사하길 바란다. 종형 곡선은 가장 간단한 통계의 핵심에 있는 이상적인 모델이다. 하지만 종종 우리의 데이터가 종형 곡선에 근사하기 때문에 문제가 발생하기도 한다. 매끄럽게 계산 가능하고 예측 가능

종형 곡선

표준편차의 개념은 종 모양 곡선의 개념과 밀접한 관련이 있다. 산의 높이, 사람의 몸무게, 국경의 길이, 밀리미터 단위의 강우량, 학생들의 시험 결과 점수 등 무엇이든 측정값을 그래프로 그리면 왼쪽의 작은 값은 점차 중간의 최빈값으로 올라간 다음, 값이 높아질수록 다시 떨어지는 종 모양이 그려진다. 완벽한 종형 곡선은 대칭적이고 가장 높은 지점이 평균값이다.

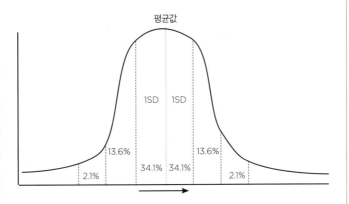

측정 중인 항목의 값을 작은 수에서부터 큰 숫자로 해당되는 막대 안에 넣게 되면 정규분포 곡선이 나오게 된다. 이것은 평균에서 1/2/3 표준편차(SD) 거리 내에 분포한 표본의 비율을 보여주는 종형 곡선이다.

한 모형을 설명하지만, 실제 데이터는 지저분한 것이 수학의 중요한 문제점이다. 그러나 일반적으로 수학은 무슨 일이 일어나고 있는지에 대해서는 매우 정확한 그림을 보여준다. 종형 곡선에 근사한 많은 실제 데이터의 분포의 경우, 종형이 대칭이 아니라는 것을 알 수 있다.

종의 왼쪽과 오른쪽이 약간 다른 모양일 때가 있다(아래의 그림 참조). 그러한 이유는 영국의 일일 평균 강우량의 예에서 볼 수 있다. 일일 평균 강우량은 약 2.5mm이지만 비가 많이 올 때는 30mm 이상일 수도 있다. 하지만 그 어떤 날에도 0mm 이하로 비가 올 수는 없다.

따라서 왼쪽 높은 지점에 가파르게 혹처럼 생긴 모양이 나오고 오른쪽 낮은 지점으로 긴 꼬리가 생기는 그래프가 나타난다. 이러한 분포 곡선의 비대칭을 '왜도'라고 부른다. 곡선이 오른쪽으로 긴 경우는 양(+)의 왜도 값을 가지고 왼쪽으로 치우쳤다고 하고, 곡선이 왼쪽으로 긴 경우는 음(-)의 왜도 값을 가지고 오른쪽으로 치우쳤다고 한다. 성인 남성의 키나 몸무게는 보통 표준분포를 잘 따르고 강우량이나 개인 소득은 큰 양의 왜도 값을 가지고 왼쪽으로 치우쳐 있다. 사망 나이는 오른쪽으로 치우쳐 있다.

이 '종형 곡선'은 일반적으로 매우 잘 작동하며, 평균과 표준편차는 우리에게 많은 것을 알려준다. 표준편차가 매우 낮으면 솜브레로

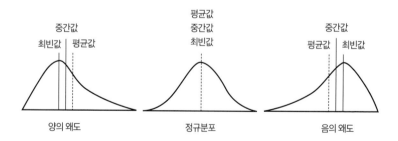

모양이 나오고 표준편차가 커질수록 중절모 모양에 가까워진다. 하지만 때로 '이상적인' 정규분포에 별로 근사하지 않으면, 결과를 해석할 때 더 주의해야 한다. 그러나 전체 측정 범위가 종형 곡선에 맞으면 정규분포의 수학을 매우 유용하게 사용할 수 있다.

예를 들어, 표준편차가 우리에게 알려주는 것 중 잘 적용할 수 있는 것은, 인구 중 평균 키보다 크거나 작은 사람들의 비율이다. 만약 측정된 키 값들이 종형 곡선에 가까운 곡선을 생성하면 인구의 34.1%가 평균보다 1 표준편차 아래의 범위 내에 있고, 다른 34.1%가 1 표준 편차 위의 범위 내에 있다는 것을 알 수 있다. 따라서 성인 남성의 평균 키가 175.3cm이고 표준편차가 7.4cm인 영국에서, 남성의 68.2%가 167.9cm에서 182.6cm 사이에 있다는 것을 알 수 있다. 영국 여성의 평균과 표준편차는 162.6cm와 7.1cm이므로, 여성의 68.2%는 키가 155.4cm에서 169.7cm 사이이다.

영국의 평균 체중은 남성의 경우 84.8kg이고 여성의 경우 72.kg이며, 두 집단 모두 표준편차는 약 12kg이다. 미국의 남성과 여성의 평균 키는 영국과 거의 같지만 평균 체중은 남성의 경우 88.8kg이고 여성은 75.4kg이다.

종형 곡선에 약간 맞지 않은 경우라도, 우리가 논의한 문제가 어떻게 적용될 수 있는지 구체적인 예를 확인하기 좋은 예시가 바로 키와 표준편차일 것이다.

다음 그래프는 미국 대통령직을 맡았던 44명의 남성 모두를 가로축에서 가장 가까운 곳에 해당하는 곳에 두어 그 숫자를 표시한 것

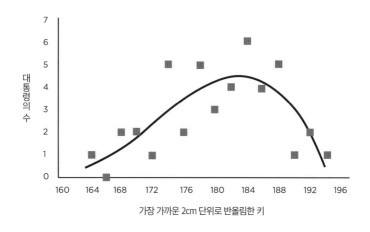

가장 가까운 2cm 단위로 반올림한 키

미국 대통령의 키

이다. 보다시피 키는 제임스 매디슨의 164cm부터 에이브러햄 링컨의 194cm까지 다양하다.

최빈값 평균은 184cm이고 6명의 대통령이 184cm였다.

평균(mean) 키는 180.6cm였고 중앙값은 181cm로 21명이 그 아래에 23명이 그 위에 있었다.

표준편차는 7.0cm였고 34명의 대통령이 평균에서 1 표준편차 사이(174~188cm)에 있는 것을 볼 수 있다. 이는 44명의 77.3%에 해당하는 것으로 정규분포에서 예측한 68.2%와 크게 다르지 않다.

회귀분석으로 계산된 '최적합' 곡선은 키가 큰 대통령 방향으로 뚜렷하게 굽은 곡선을 보여준다. 미국 선거 중 58%에서 키가 큰 사람이 이겼고, 그중 67%가 키가 큰 후보가 대중 투표에서 과반수를 차지했다는 사실을 고려하면 이는 놀라운 일이 아니다.

놀랍게도 우리가 다룬 것과 유사한 통계적 고려사항들이 (키와 관련된 것은 아니지만) 골프에도 적용이 되며 이때 표준편차가 매우 중요한 역할을 한다.

2018년 통계학 교수인 스티븐 스티글러와 스포츠 경영학 학위가 있는 가진 그의 딸 마가렛은 〈확률〉 저널의 특별호에 「골프 토너먼트의 기술과 행운」이라는 흥미로운 글을 투고했다. 그들의 분석은 골프 라운드에서 선수의 점수를 결정하는 매우 간단한 모델을 기반으로 한다.

점수 = 파+기술+행운

- '파'는 뛰어난 선수가 해당 라운드의 모든 홀에서 기록할 타수를 더한 점수를 뜻한다.
- '기술'은 개별 선수의 전문성을 측정한 것으로, '기술'에 할당된 수치가 높을수록 성적이 낮다는 것을 뜻한다.
- '행운'은 특정 홀에서 선수의 점수가 같은 조건에서도 항상 같지는 않다는 사실을 반영한다. 다시 한번 행운은 낮은 점수로 반영될 것이다.

행운의 존재는 골프 토너먼트 4라운드에서 모든 선수가 라운드마다 다른 점수를 얻을 수 있다는 사실에서 분명하게 입증된다. 단지 기술의 문제로 그런 차이가 일어난다면 그것은 날씨가 좋지 않을 때 영향을 받을 것이다. 행운은 같은 조건에서 같은 코스를 할 때 개인의 점수에서 일어나는 표준편차로 정의할 수 있다. 스티글러 부녀는 이런 점수의 변화를 분석해 토너먼트의 최종 결과에 기술과 행운이 상대적으로 어떻게 기여하는지를 추정할 수 있었다.

그들이 내린 결론은 최고 수준의 선수들의 표준편차값은 약 2.85 타수라는 것이다. 독자들이 기억하는 표준편차는 어떤 측정값의 평균에서 얼마나 다른지를 측정한 것이다. 결과의 34.1%는 평균보다 아래로 한 표준편차 내에 위치하고, 다른 34.1%는 평균보다 위로 한 표준편차 내에 위치한다. 68.2%의 경우에 선수의 점수가 해당 코스의 평균 점수의 2.85타 이내에서 이루어진다는 것이다. 즉, 5.7 타수 범위에서 행운과 불운의 차이가 나타났다. 또한, 그들은 기술 요소가 운보다 약 4배 정도 더 중요하지만, 여전히 운이 큰 역할을 한다는 결론을 내렸다.

하지만 해결해야 할 가장 큰 질문은 최고의 선수가 대회에서 우승할 가능성이다. 물론 그것은 최고의 선수와 2위 선수의 기술 격차에 따라 달라지는데, 스티글러 부녀의 계산에 따르면 최고 선수가 2위 선수보다 라운드당 평균 1타 이점이 있다면, 우승할 확률이 약 31%에 달한다. 2위로 경기를 마칠 확률은 16%다. 만약 최고의 선수가 평균 2타 이점을 가지고 있다면 우승할 확률이 58%로 증가하게 된다.

그러나 일반적인 상황에서의 통계에 따르면 최고의 선수는 가장 가까운 라이벌보다 0.4타수 정도 실력이 좋으므로 이 경우 우승할 확률이 16%로 감소한다. 최근 몇 년 동안 타이거 우즈만이 가장 근접한 라이벌보다 2타 앞섰다.

이 수치는 놀랍지 않다. 최고 선수의 예상 점수가 다른 선수들보다 낮을 수 있지만, 실제 점수는 1 표준편차 내에 68.2%가 위치하고 2 표준편차 내에 또 다른 27.2%가 위치한다. 하지만 그 최고의 선수 또한 표준편차의 영향을 받는 100명 이상의 다른 선수들과 경쟁하고 있으므로 그중 하나가 우연히 더 나은 점수를 얻는다는 것은 놀라운 일이 아니다.

나는 종종 주사위 놀이나 포커와 같은 게임이 큰 인기를 얻는 이유가 기술과 행운을 매우 매혹적인 방식으로 결합하기 때문이라고 생각했다. 선수가 이기면 자신의 실력을 자축할 수 있지만 실패하면 운이 나빴다고 생각할 수 있다. 이제 골프 또한 어느 정도 그런 목록에 포함된다고 할 수 있다.

하지만 모든 스포츠에 대해 우리가 일반적으로 생각하고 있는 이상한 부분이 드러나게 된다. 우리는 꾸준한 결과를 내는 것이 존경받고 노력해야 할 일이라고 생각하지만, 일관성은 선수의 결괏값이 작은 표준편차를 가졌다는 것을 뜻한다. 매번 같은 파 점수를 만드는 골퍼는 항상 어느 정도 잘할 것이지만 대회에서 이기는 경우는 거의 없다. 마찬가지로 이닝마다 40~60점을 득점하는 크리켓 선수는 평균적으로는 엄청난 점수를 득점하지만 한 번도 100점을 달성하지 못했다는 것이 약점이 된다. 우리는 일관성을 칭찬하는 척하지만 관중의 관점에서 표준편차가 높은 선수들이 매우 좋은 결과를 낼 때 그들을 칭찬하면서 그들이 나쁜 성적을 받았던 것은 잊게 된다.

몇 번의 아주 좋은 결과가 너무나 좋은 인상을 줄 수 있다면 반복적으로 좋은 결과를 내면 어떨까? 모든 스포츠에서 어떤 선수가 너무나도 좋은 폼을 보이는 시기가 있다. 모든 경기에서 골을 넣는 것처럼 보이는 축구 선수, 여러 경기에서 100점을 달성하는 크리켓 선수, 매번 홀에 공을 넣어서 너무나도 운이 좋아 보이는 골프 선수를 볼 수 있다. 하지만 그들이 정말 폼이 너무나도 좋아서 그런 모습을 보이는 것일까 아니면, 무작위적인 표준편차의 변동이 운 좋게 좋은 방향으로 반복해서 일어난 것일까?

1985년 심리학자인 아모스 트버스키, 토마스 길로비치와 로버트 발론은 농구 선수들이 거의 모든 슛을 성공시키는 시기를 경험한다는 믿음에 이름 붙인 '핫 핸드 오류'에 주목했다. 그들은 선수와 관중과 코치 모두가 일반적으로 그 믿음에 동의한다는 것을 확인한 후, 선수들이 실제로 그러한 성공 단계를 가졌는지 또는 그것이 우리가 잘 이해하지 못한 반복적으로 일어난 무작위적인 결과인지에 대해 알아보기 위해 수많은 농구 경기를 통계 분석했다.

그들은 모든 슛을 같은 선수의 이전 슛과 비교했다. 선수가 좋은 시기를 경험하거나 나쁜 시기를 경험했다면 연속적으로 슛을 쏠 때 득점한 슛과 연속 슛의 결과 사이에 양의 상관관계가 있어야 할 것이고, 슛을 성공하게 되면 또 다른 성공으로 이어질 확률이 더 높아질 것이다. 하지만 그들의 결과는 전혀 상관관계를 보이지 않았다. 슛의 성공 여부는 예상되는 확률적 변동에 의해서만 결정되는 것으로 보였다.

다른 연구자들도 유사하게 다른 스포츠 선수들의 결과를 조사했고 일반적으로 같은 결론에 도달했다. 시간에 따른 선수의 성적 분포를 살펴본 결과, 특정 기간 폼이 좋아진 것이 아니라 단순하게 통계적 변동을 반영한 결과라는 것이다.

길로비치와 발론과 트버스키의 논문은 이후 수십 년간 논쟁의 여지가 있는 문제로 남아 있다. 스포츠 선수와 팬들은 농구에서의 '핫 핸드'나 다른 게임에서의 운이 좋은 시기를 여전히 믿고 있지만, 심리학자들은 확률 이론의 의미를 파악하지 못하고 패턴을 보는 경향을 통해 사람들이 망상에 빠졌다고 굳게 주장했다. 트버스키의 말을 인용하자: '나는 이 주제에 대해 수천 번의 논쟁을 벌여서 모두 이겼지만 아무도 설득하지 못했다.'

그러나 2014년 하버드의 세 통계학자 앤드류 보스코스키, 존 에제코위츠, 캐롤린 스테인은 기존 연구 결과에 반박하며, 그들이 제대로 다루지 못한 요소가 있다는 사실을 지적했다. 바로 선수 스스로가 어떻게 '핫 핸드'에 반응하는지를 나타내는 요소다. 그들은 '막 슛을 성공한 선수가 더 어려운 슛을 시도하지 않을까?'라는 질문을 던지며 슛의 난이도와 농구 골대와의 거리를 고려해 매우 많은 수의 슛을 분석했다.

분석 결과 실제로 성공으로 인해 선수가 더 어려운 슛을 시도하는 것으로 확인되었으므로, 기존의 연구에서는 여러 번의 성공 후에도 이후 슛의 성공률에 차이가 없다고 결론 지었지만, 하버드의 삼인방은 다른 결론을 도출했다. 캐롤린 스테인이 말했듯이 '점차 더 어

려운 슛을 시도하는 동안 슛의 성공률이 그대로 유지된다면 슈팅 능력이 더 좋아지는 것과 같다.'

그러나 이 새로운 결과조차도 '핫 핸드'로 추정되는 효과는 통계적으로 유의하지만 매우 작다는 것을 발견했다. 기껏해야 슈팅 성공률이 약 1%가 향상되었을 뿐이다. 그렇게 논쟁은 계속되었다.

하지만 논쟁의 여지가 없는 한 가지 결과는 사람들이 통계적 추론을 잘하지 못한다는 것이다. 우리는 이미 서브의 방향을 무작위로 변경할 수 없다는 점을 빼고는, 서브와 리시브의 전략이 게임 이론에서 권장하는 전략에 매우 잘 부합하는 테니스 경기를 보았다. 그와 유사한 예시를 몇 가지 더 살펴보자.

1. 카너먼과 트버스키의 「주관적 확률」(<인지 심리 학회>, 1972)을 보면 어떤 도시에서 자녀가 6명인 모든 가족을 조사한 결과, 72가정이 여남여남남여 순으로 자녀를 낳았다고 한다. 그렇다면 남여남남남남 순으로 아이를 낳은 가정은 몇이나 될까?

92명의 학생에게 이 질문을 했을 때 75명이 틀렸는데, 이는 대부분 사람의 사고 과정에서 너무나도 흔한 세 가지 실수가 노출된 결과이기 때문에 놀라운 일은 아니다. 바로 물어본 질문이 아닌 자신이 생각할 때 물어보았어야 했던 질문에 대한 답을 말하는 것과, 특정 사례에 일반 원칙을 적용하려는 경향과, 패턴이 드물게 발생한다는 착각이다.

이 경우 정답은(여아와 남아를 가질 확률이 같다고 가정) 72가정이다. 신생아의 성별은 그 위 형제/자매의 성별과 무관하므로 출생 순서에 상관없이 더 무작위처럼 보이는 여남여남남여나 남여남남남남을 포함해 남남남남남남에서 여여여여여여까지 모든 조합의 확률이 같다. 여남여남남여가 딸 3명과 아들 3명이라는 것은 각 조합의 확률에 영향을 미치지 않는다. 하지만 딸 3명과 아들 3명일 경우의 수가 딸 1명과 아들 5명일 경우의 수보다 훨씬 많기 때문에 더 높은 확률로 발생한다. 질문을 받았던 학생들은 대부분 함정에 빠졌고 남여남남남남의 가능성이 작다고 생각했다.

2. 오랜만에 친구를 만난 뒤 그 친구가 이제 두 자녀의 아빠가 되었다는 것을 알게 되었다. 마침, 내 가방에 분홍색 모자가 있었기 때문에 그것을 선물로 주기 위해 자녀가 딸인지 물어보았다.

　내 친구는 딸이 좋아할 것이라며 선물을 고맙게 받았고 이제 나는 친구의 자녀 중 최소한 한 명은 딸이라는 것을 알게 되었다. 자 그렇다면 다른 아이도 딸일 확률은 얼마일까?

만약 아들과 딸의 확률이 반반이라고 생각했다면 대부분 사람과 마찬가지로 정답이 아니다. 내가 친구의 자녀에 대해 알기 전 친구의 자녀들은 남남, 남여, 여남, 여여 중 하나에 해당될 것이다. 하지만 한 명이 딸이라는 것을 알게 된 결과 남남일 가능성이 사라지게 되고 이제 남여, 여남, 여여 중 하나에 해당한다는 것을 알게 되었다. 즉,

두 자녀 모두 딸인 경우는 3분의 1이 된다.

3. 헝가리의 수학자 팔 레베즈는 학생들과 매우 흥미로운 동전 던지기 실험을 수행했다. 한 그룹에게는 동전을 200번 던지면서 그 결과를 기록하라고 했고, 다른 그룹에게는 실제로 동전을 던지는 데 신경 쓰지 말고 머릿속으로 200번의 앞/뒷면 결괏값을 구성해보라고 요구했다. 학생들이 그에게 결괏값을 가져다주었을 때 그는 단순히 결과에서 한 면이 최대 몇 번 연속으로 나오는지 세는 것만으로, 어떤 것이 진짜 동전을 던진 결과이고 아닌지를 알아낼 수 있었다.

앞면과 뒷면이 나올 확률이 같은 동전을 200번 던질 때, 그 결과 순서 중 어딘가에 7번 이상의 앞면 또는 뒷면이 연속적으로 나올 확률은 54%다. 가장 길게 연속적으로 뒷면이 5회 이하로 나올 확률은 20%에 불과하다. 즉, 레베즈의 학생들이 만든 결괏값에는 앞면이나 뒷면이 연속적으로 충분히 길게 나타나지 않았다.

마지막으로 확률에 대한 주제를 다루면서 영국의 국립 복권에 대해 다시 언급하고자 한다. 어떤 인터넷 사이트는 최근 당첨된 숫자들을 분석해 어떤 숫자가 이제 '당첨될 때가 되었는지'를 알려주는 서비스를 제공한다. 이런 서비스에는 미신에 기반한 넌센스가 너무나도 많이 포함되어 있다.

번호를 추첨할 때 모든 숫자는 동일한 확률을 갖는다. 어떤 숫자가 오랫동안 나타나지 않았다는 사실은 그것이 이후 당첨될 확률이 높다는 주장으로 이어질 수 없다.

최근에 여러 번 당첨된 숫자가 다시 당첨될 숫자라고 '핫'하다는 주장 또한 틀렸다.

2016년 1월 23일 추첨에는 4개의 연속된 숫자 8, 9, 10, 11이 등장했는데 이것은 추첨이 짜고 이루어졌다는 것을 뜻하지 않는다. 영국 복권 역사상 4개의 연속된 숫자가 나온 것은 3번이 있었고 예상되는 횟수보다 조금 작은 것이다.

그러나 여기에는 완전히 올바른 미신 또한 포함되어 있다. 바로 홀수가 짝수보다 당첨될 가능성이 크다는 것이다. 그것은 1에서 49까지의 숫자를 고르던 2015년 이전의 복권과 1에서 59까지의 숫자를 고르는 현재의 복권에 모두 적용된다. 그 이유는 매우 단순한데 바로 1에서 49/59까지의 숫자 중에 홀수가 짝수보다 하나 더 많기 때문이다.

물론 복권을 사지 않는 것을 추천하지만 그것 외에 내가 할 수 있는 유일한 조언은 간격이 있는 번호를 선택하지 않는 것이다. 예를 들어, 1995년 1월에는 7, 17, 23, 32, 38, 42번 공이 나왔고 이때 당첨자는 총 133명에 다다랐다. 그들은 이 번호 조합이 패턴이 없는 무작위라고 생각했다. 따라서 기계가 난수를 선택할 때 그 결괏값이 명백한 패턴을 나타내지 않을 것이라고 기대해 충분한 거리를 두고 숫자를 배치한다. 추첨에 두 개 이상의 연속 번호가 등장하면 당첨자의 수가 더 적어지는 경향이 있다.

복권을 사러 가거나 복권을 사서 집으로 가는 동안 교통사고로 사망할 확률이, 복권에서 어떤 상금이라도 받을 확률보다 더 높은 것으로 계산되었다.

CHAPTER 5

내가 구해줄게!

어떻게 정부는 좋은 면을 보이려고 하는가

—

정부가 가진 유일한 변명은 문제를 탓하는 것이기 때문에,
그들은 문제를 해결하려고 하지 않는다.

- P. J. 오루크, 『국부론(On The Wealth of Nations)』, 2007

정부가 문제를 해결하는 것을 권장하지 않아야 한다는 오루크의 재담은 재미있으면서도 날카로운 통찰력을 보여준다. 그는 애덤 스미스의 1776년작 『국부론』에 대해 매우 유머 넘치고 유용한 정보를 알려주는 책에서, 스미스가 정부의 문제-해결 전략에 대해 말할 때 횡설수설하는 것을 설명하기 위해 이 말을 썼다.

하지만 정부가 실질적인 문제와 문제가 아닌 것을 해결하는 (또는 해결하는 데 실패하는) 것에 대해서는 더 많은 논쟁이 있으며 이것은 모두 끊임없이 재선을 추구하는 것과 관련되어 있다.

아직 짧은 교복 바지를 입던 초등학교 시절, 기회가 있을 때마다

하던 게임이 있었다. 이 게임은 옥상이나 높은 곳 모서리에서만 할 수 있는 게임으로 그런 장소에서 다른 아이가 아래를 내려다보는 것을 발견하면, 그 뒤로 몰래 다가가서 허리를 둘러 않고 '내가 구했어!'라고 소리치는 것이다.

정부가 이 게임을 큰 규모로 할 수 있는 방법이 두 가지 있다: 어떤 것으로 인해 발생하는 위협을 과장한 다음 그 위협을 제한한 것에 대해 큰 공을 차지하거나, 심지어는 그 위협이 실제로 발생하지 않으면 더 큰 공을 차지하기도 한다. 또는 호두까기 기계로 할 수 있는 일을 쇠망치를 사용해 박살 낸 후, 그 일을 완벽하게 잘 해냈다고 자찬하는 것이다. 여러 경우에 위협을 과장하고 과민반응하는 것이 복합적으로 조합되어, 정부의 역량을 최대한 과대평가하도록 한다.

크리스토퍼 부커와 리처드 노스는 2007년 자신들의 저서『무서워서 죽겠다(Scared to Death)』에서 영국에서 정치권이 과민반응해 막대한 비용을 들이게 했던 다양한 공포들을 모으고 설명했다. '그러한 패닉으로 인해 우리가 지불해야 했던 비용은 막대하고, 대부분 사회가 위협으로부터 자신을 방어하기 위해 선택한 수단으로 인해 막대한 재정적 비용이 발생했다. 하지만 우리는 이러한 공포가 결국에는 다시 또다시 일어나고, 그것이 결국 어떻게 상당 부분 또는 전체가 과장된 오해였는지 드러나는 것을 보았다.'

그들은 정치인과 언론인의 부정한 연대를 통해 많은 공포가 발생한다고 말한다. 전자는 실제 또는 가상의 위협을 자신의 평판을 높일 기회로 보고, 후자는 두려운 위협에 관한 이야기만큼 잘 팔리는 뉴스가 없다는 것을 알고 있다. 특히 신문 또는 TV 채널이 그 위협을 밝히는 데 기여를 한 경우에는 더욱 그렇다.

부커와 노스는 이후 1980년대부터 어떤 일련의 위험들에 과민 반응해왔는지를 다루어 자신들의 주장을 뒷받침한다. 1988~1989년에 살모넬라 공포증이 발생해 일부 닭에서 발견된 살모넬라균이 달걀로 전염될 수 있다는 주장이 제기되자, 그것에 대한 증거가 없었음에도 슈퍼마켓 진열대에서 달걀을 모두 수거했다. 처음 정치권은 1996~1999년 BSE/CJD 위협에 대해 무시하다가 이후 과대보도된 후에는, 30개월이 넘는 영국의 모든 소를 도살했고 그 숫자는 약 500만 마리에 달하는 것으로 추정된다.

음식이 아닌 항목 중에는 밀레니엄 버그 또는 간접흡연과 석면의 위협이 포함되며, 모두 증거로 뒷받침되지 않는 수준의 위험이었다. 부커와 노스는 간접흡연에 관해 흡연자와 같은 집에 사는 개가 폐암에 걸릴 확률이 30% 증가했다고 주장한 1989년의 연구를 언급했다. 이 논문의 저자는 이후 개에서 폐암이 극히 드물고, 그의 결론은 단한 마리의 증거에 기반을 두고 있다는 것을 인정했다. 즉, 이것은 인간에 대한 간접흡연의 잠재적인 해로운 영향에 대해 결론을 도출하기에는 이상할 정도로 부적절한 증거였다.

마찬가지로 1980년대에 시작된 석면 금지 요구도 과장된 두려움에 기반을 두고 있다. '석면'이라는 용어는 다양한 미네랄을 포함하는데, 그중 일부만 건강에 위험을 초래하고 특히 흡입할 때만 심각한 위협이 된다. 그러나 물질에 대한 두려움으로 인해 많은 국가에서 사용 금지 조치가 취해졌다. 미국에서 엄청난 수의 소송이 발생해 석면과 보험 산업에 약 2,000억 달러의 비용을 소모하게 되었고, 많은 회사가 파산했다.

부커와 노스는 잠재적인 재난에 대한 과장된 주장의 예로 지구온난화를 언급하기도 하지만, 이에 대해서는 나중에 자세히 다룰 것이다.

물론 공포에 대해 과도하게 반응하는 것이 영국에서만 일어나는 것은 아니다. 예를 들어, 2002년 이집트에서는 잠재적으로 세계적인 돼지 독감의 위험이 제시되자 수백만 마리의 돼지가 도살되었다. 심지어 이집트 국민이나 돼지 중 돼지 독감에 대한 보고가 단 한 건도 없었음에도 그런 대응이 이루어졌다.

물론 정치인들은 재난에서 국민을 보호하고 그런 점에서 책임감 있게 행동하는 것이 그들의 임무라고 할 수 있으므로 최악의 시나리오를 대비해야 한다. 당연히 전염병을 예방해야 한다. 전염병이 발생한 이후 대응하고 치료하는 것은 더 큰 자원이 필요하다. 그러나 정치인들이 나서서 '내가 구했어!'라고 말하기 전에 그들이 말하는 주장에 대해 모든 증거를 세밀하게 조사할 필요가 있다.

2012년 예루살렘의 정치학 교수인 모쉐 마오아는 〈공공정책 학술지〉에 '과잉 반응 정책'이라고 부르는 현상에 대해 날카롭게 분석한 논문을 출판했다. 그는 위에 제시된 것과 같은 예시를 인용하면서 그것들이 공통으로 가지고 있는 몇 가지 특성을 확인했다. 바로 약한 증거로 희귀한 사건을 예측하려는 의지와, 부정적인 사건이 강한 반응을 이끌어내므로 그것들에 더 많은 가중치를 부여한다는 사실과, 아마도 무엇보다도 자신의 직관을 너무 많이 신뢰하는 의사결정자들의 과신이다.

정책 입안자들은 자신들이 실제보다 더 재능 있고 유능하다고 믿으며, 실제보다 당면한 사건을 더 잘 제어하고 정책 문제를 해결하는 데 성공할 가능성이 더 크고, 소유한 정보를 실제보다 더 정확하다고 인식한다.

비슷한 주제에 대한 이후 논문에서 그는 '가장 흔히 하는 실수 중 하나는 정책의 인기를 그 가치에 대한 간접적인 척도로 사용하는 것이다'라고 덧붙였다. 무언가의 위험성을 과장하라. 단호한 행동을 취하라. 결국, 훨씬 덜 위험한 것으로 밝혀지면 그것에 대해 공을 취하라. 그러면 모두가 당신을 사랑할 것이다.

그렇다면 이 모든 것이 공을 취하려는 정치인들의 모략일까? 아니면 다른 무엇이 더 있는 것일까? 2013년 미국의 온라인 환경 잡지인 〈그리스트〉는 「정치가 수학적 능력을 망가뜨린다: 과학적 증명」이라는 제목의 보고서를 내보냈다. 이것은 예일의 법학 교수 댄 카한이 위에서 다룬 내용을 조명한 흥미로운 학술 연구에 기반한 것이다.

이 연구는 1,000명 이상의 대상자에게 정치적 견해에 대한 몇 가지 질문과 약간의 수학적 추론 능력을 측정하는 질문으로 시작되었다. 그런 다음 그들에게 허구의 과학적 연구 결과에 대한 교묘한 질문들을 했다.

이 실험이 정말 영리하게 설계된 부분은 바로 피험자의 절반은 '피부 발진 치료를 위한 새 크림'의 효과를 평가한 연구 결과를 받았지만, 나머지 절반은 '공공장소에서 총기 휴대 금지 법안'에 대한 연구 결과를 받았다는 것이다. 두 연구의 결과 데이터는 완전히 같았기 때문에 동일한 논리를 사용해 그 결과들을 평가할 수 있었을 것이다.

피부 크림 버전의 수치는 크림을 사용하거나 사용하지 않은 사람들의 수와 그들의 피부가 좋아졌는지 나빠졌는지를 보여준다. 응답자들은 크림을 사용하는 것이 피부 개선 또는 악화 중 어떤 것으로 이어질 확률이 더 높은지 판단해야 했다.

총기 법안 버전의 연구 결과는 숨겨진 권총의 휴대를 금지하거나 금지하지 않은 도시에서 범죄율이 증가했는지 감소했는지를 보여주었다. 이 경우 응답자들은 총기 금지가 범죄 증가 또는 감소 중 어떤 결과로 이어질 가능성이 더 큰지 판단해야 했다.

그렇지만 연구 결과를 더 세밀하게 만들기 위해서 각 버전은 동일한 수치를 사용했지만 제시하는 그룹을 반대로 바꾸어서 반대의 결과가 나오도록 했다.

그 결과에서 매우 놀라운 점은 두 버전에 대한 사람들의 판단이 매우 달랐다는 것이다. 피부 크림의 경우 응답자들은 어느 정도 예상한 결과대로 판단했다. 수학적 추론 테스트의 점수가 높은 사람일수록 정답을 얻을 가능성이 크고, 정치적 견해가 그 결과에 영향을 미치지 않았다. 그러나 총기 법안 문제에서는 정치가 큰 역할을 하는 것으로 나타났다. 일반적으로 총기 소지 금지를 찬성하는 민주당 지지자들은 그 수치가 자신들의 신념과 맞았을 때는 정답을 맞혔지만, 신념과 반대되는 결과가 나타났을 때는 틀린 답을 내놓았다. 하지만 공화당 지지자들은 총기 소지 금지령이 효과가 없다는 수치를 제시했을 때는 답을 맞혔지만, 효과가 있다는 수치를 제시했을 때는 틀렸다.

더욱 놀랍게도 그 결과는 수학적 추론 능력이 높은 사람일수록 정치적 견해가 결론에 부정적인 영향을 미칠 가능성이 크다는 것을 보여주었다. 그리고 아마도 이것을 통해 지적이라고 생각되는 사람들이 감정적인 주제에 대해 그렇게 상반된 견해를 가질 수 있는 이유를 설명할 수 있을 것이다. 그런 배경에서 환경과 지구 온난화라는 주제를 다루어보자.

UN의 기후변화에 관한 정부 간 협의체(IPCC)가 1998년에 기후 변화의 지역적 영향에 대한 첫 보고서를 발표했을 때, 그 연구에 참여한 과학자들은 적절한 학문적 경고와 함께 연구 방법론의 한계를 강조했다. '자연 시스템과 사회 시스템의 민감도와 적응성에 대해 확실하게 아는 것이 아니므로, 지역적 취약성에 대한 평가는 필연적으로 정성적이다.' 또한, 그들은 기후 변화의 정량적 추정치를 인용하면서 다음과 같이 강조했다:

이러한 추정치는 미래 기후 변화와 관련해 채택된 특정한 가정에 의존한다 …… 이러한 추정치를 해석하기 위해서는 미래 기후 변화의 특성과 규모와 비율에 대해 불확실한 부분이 남아 있다는 것을 명심하는 것이 중요하다. 이러한 불확실성은 과학자들이 기후 변화의 영향을 예측하는 데 제한이 된다.

그러나 대부분의 사람은 517페이지 분량의 보고서를 읽지 않고, 신문이나 텔레비전에서 얻을 수 있는 요약에 의존했다. 그리고 언제나 미디어는 한계나 불확실성을 말하는 것보다는 확실하게 경고하는 것을 선호했다.

어떤 질문이 제기될 때 우리는 모호한 부분과 더 많은 질문으로 이어지는 것보다는 간단한 답을 원한다. 그래서 대중은 기존의 IPCC 보고서에 대한 해석과 이후의 후속 조치를 두고 세 개의 진영으로 나뉘었다. 극단적인 양극의 집단은 바로 '우리는 모두 죽을거야!' 또는 '이건 파멸 장사꾼들이 우리를 겁주려는 것 뿐이야!'라고 외쳤고, 중간에 있는 온건한 그룹은 아무런 말도 하지 않았다. 그들은 예측 때문에 약간 놀랐지만, 기후가 매우 느리게 변하기 때문에 아마도 무시할 수 있다고 믿었다.

이 논쟁은 이후 20년 동안 계속되었고 과학은 이산화탄소가 온도에 미치는 영향을 더 정확하게 밝혔다. 2018년 IPCC는 CO_2 배출량이 '2030'년 이전에 떨어지기 시작해야 하며, 지구 온도가 2016년 파리 기후 협정에서 설정한 목표치인 섭씨 1.5 이하의 상승을 충족하려면, 약 45%까지 감소해야 한다고 보고했다.

물론 언제나 그렇듯 언론은 선정적인 스타일을 선호하기 때문에 우리가 지구를 살릴 수 있는 시간이 12년밖에 남지 않았다고 보도했다. 이전에 말한 것처럼 미디어는 명확하고 냉혹하게 경고하는 것을 좋아한다. 기후 논쟁의 극단에 있는 양측 모두 자신들의 믿음에 따라 보고서와 과장된 언론 기사를 받아들였다.

2020년 1월 스위스의 다보스에서 열린 세계 경제 포럼에서 양측의 주요 활동가들은 서로 다른 견해를 명확하게 펼쳤다. 스웨덴의 10대 환경운동가 그레타 툰베리는 '우리는 엄청난 수의 사람들에게 고통을 주는 재앙에 직면해 있다'라며 정치인들의 강력한 행동이 모자란다고 비판했으며, 미국 대통령 도널드 트럼프는 '지금은 비관적으로 볼 시기가 아니라 낙관할 시기다'라고 말했다.

아마도 우리는 사람들이 자신의 정치적 견해가 그들의 결론에 부정적인 영향을 미쳤고, 더 수학적 추론 능력이 높을수록 그런 일이 일어날 가능성이 크다는 것을 보여주는 연구 결과에 놀라지 말아야 한다. 지구 온난화의 논쟁이 계속됨에 따라 이 주제에 대해 가장 많이 접하게 되는 매우 정치적인 스웨덴 여학생과 교육을 잘 받지 못한 미국의 대통령, 두 사람을 보라.

최근 그와 관련된 환경 문제가 보여주는 것처럼 대중의 막대한 반응은 정치인들이 행동을 취하는 것을 부끄럽게 느끼도록 할 수 있지만, 그것이 정말 문제에 상응하는 것인지는 또 다른 문제다.

2019년 영국 정부는 해상의 야생 동물을 위협하고 있는 막대한 양의 플라스틱에 대한 데이비드 애튼버러의 불편한 보고서를 발표했다. 그에 이어 일반 플라스틱과 특히 플라스틱 빨대에 대한 사람들의 태도를 묻는 다양한 설문조사가 진행되었고, 응답자의 80%가 플라스틱 빨대의 사용을 금지해야 한다고 응답했다. 그래서 정부는 사용을 금지시켰다. 그렇지만 그렇게 한 이유는 환경에 크게 긍정적으로 기여하는 것보다는, 자신들이 환경에 대해 관심이 있다는 것을 보여주는 것과 훨씬 더 관련이 있어 보인다.

영국의 방송국 채널 4는 이에 관해 매우 흥미로운 사실을 확인했고, 다음과 같이 지적했다:

1. 영국에서 얼마나 많은 플라스틱 빨대가 사용되는지 또는 바다에 얼마나 많은 플라스틱 빨대가 버려지는지에 대한 영국 정부의 추정치를 뒷받침할 만한 증거가 없는 것으로 보인다.
2. 빨대는 전 세계 해양 플라스틱 오염 중량의 약 0.00002%에 불과하다.
3. 전 세계 해양 플라스틱 오염의 절반 이상이 중국, 인도네시아, 필리핀, 베트남, 스리랑카에서 발생한다. 해안을 가진 모든 EU 국가의 플라스틱 오염 총량은 플라스틱 오염원 목록에서 18위에 불과하다.

어쨌든 플라스틱 빨대는 물에 뜨기 때문에 바다 오염에 기여하기보다는 해변으로 다시 쓸려올 가능성이 크다.

그러므로 플라스틱 빨대를 금지하는 것은 말 그대로 바다의 물 한 방울에 불과하다. 이러한 방식으로 여론조사의 압도적인 결과에 응답하는 것이야말로, 과잉 반응과 과소 반응의 좋은 예시다. 사용

금지는 여론조사 결과에 대한 과잉 반응이지만, 플라스틱 오염의 근본적인 문제에 대해서는 매우 과소 반응을 한 것이다.

일반적인 위험과 특히 교통 위험에 대해 누구보다 잘 알고 있는 존 애덤스는, 1955년에 출판한 훌륭한 저서 『위험(Risk)』에서 위험에 대해 잘못 반응하는 또 다른 놀라운 예제인 사고 다발구간에 대해 다루었다. 이 질문에 대해 고민해보자. 최근 통계에서 특정 도로의 교차로에서 평균보다 많은 사망사고가 일어났다고 할 때 가장 좋은 해결 방법은 무엇일까?

(a) '사고 다발구간'이라고 적힌 표지를 붙인다.

(b) 도로를 넓히거나 가시성을 높이기 위한 즉각적인 조치를 취해 사고 위험을 줄이려고 노력한다.

(c) 즉각적인 조치를 취하지 않고 상황을 계속 모니터링한다.

이것은 보기보다 훨씬 더 복잡한 결정이다. 경고 표시를 하는 첫 번째 옵션은 사람들이 더 조심스럽게 운전하게 해서 사고를 줄인다는 많은 증거가 있지만, 스웨덴의 설문조사는 인근 교차로에서 사고가 증가할 수 있다는 증거를 보여주었다. 운전자는 사고 다발구간 표시를 확인하고 속도를 늦추었다가, 이후 다시 속도를 올리기 때문에 사고가 단순히 다음 교차로로 넘어가는 셈이다.

비슷한 이유로 (b) 또한 효과가 없을 수 있다. 도로를 개선하는 것은 운전자가 더 안전하다고 느껴서 더 위험한 상황을 감수할 수 있도록 한다. 중요한 것은 객관적인 안전 수준이 아니라, 실제 안전 수준과 인지하고 있는 안전 수준의 조합이다. 애덤스는 겨울철 겨울용 타이어 사용에 관한 스웨덴의 연구 결과를 인용한다. 그 연구에 따르면 눈이 오거나 도로가 언 경우 겨울용 타이어를 장착한 운전자들은, 그렇지 않은 운전자들보다 훨씬 더 빠르게 운전한다고 한다. 맑고 건조한 날씨에서는 두 그룹 사이에 속도 차이가 발견되지 않았다.

어떤 조치가 필요한 것 같을 때 옵션 (c)는 바람직하지 않아 보이지만, 앞에서 다룬 '평균으로의 회귀' 개념의 관점에서는 바람직할 수도 있다.

앞서 말한 것처럼 사고 다발구간에 관한 통계 연구에 따르면, 사고 다발구간이라고 인식된 교차로의 사고 횟수를 모니터링하는 경우, 이후 그 사고 횟수가 줄어드는 것을 볼 수 있다. 또한, 이전에 특별히 안전하다고 인식된 구간의 경우, 사고 횟수가 올라갈 확률이 높다. 둘 다 평균에 가까워지는 것처럼 보인다.

애덤스는 이 절차를 설명하기 위해 또 다른 도로 안전 전문가인 유대계 캐나다인이자 교수인 에즈라 하우어가 제안한 명쾌한 개념적인 예시를 인용한다. 하우어는 100명이 모두 공정한 6면 주사위를 던지는 것을 상상해보았다. 던져진 100개의 주사위 중 16개 또는 17개가 6을 나타낼 것으로 예상된다(100÷6=16.7). 이후 이 운 좋은 사람들에게 물을 한 잔씩 주고 다시 주사위를 던지도록 해보자. 이번에는 2~3명 정도만 6이 나온다(17÷6=2.8). 만약 우리가 6이 나오지 않길 원하면 이 완벽한 '물 치료법'이 성공한 것에 기뻐할 수 있다. 이 치료법은 5/6 확률로 효과가 있는 것으로 보인다.

이것은 매우 좋은 비유인데 만약 주어진 기간 동안 가장 사고가 자주 난 구간을 선택한다면, 무엇을 하든지 개선될 가능성이 크다. 마치 물을 마신 뒤 주사위를 던지면 6이 나올 확률이 적은 것처럼 말이다.

애덤스는 자동차 안전띠 착용 의무화에 대해 설문조사를 하면서, 또 다른 관련 문제가 일어나는 것을 확인했다. 겉으로 보기에 문제는 분명해 보였다. 안전띠를 착용하면 충돌 사고 시 자동차 운전자나 승객의 사망 확률이 감소했다는 것을 보여주는 증거는 명확했다. 하지만 안전띠 착용이 사고 가능성 자체를 줄였는지 아닌지는 명확하지 않고, 이것이 다른 운전자들을 더 안전하게 만들었는지 아닌지는 훨씬 더 큰 논쟁의 여지가 있다.

애덤스는 '위험 보상'이라는 개념을 도입했는데, 이것은 '사람들이 자신의 안전에 대해 인식된 위험에 대응해 행동을 수정한다'라는 것이다. 사람들이 위험을 인지할 때 더 조심스럽게 운전하는 것처럼, 안전하게 생각될 때는 더 무모하게 운전하는 경향이 있다.

영국에서 장기간에 걸쳐 아동 도로 사망을 조사한 수치들은, 이런 일이 발생했다는 강력한 증거가 된다. 도로 위에 차량이 늘어나면서 아동의 객관적인 위험 수준이 증가했지만, 사람들이 위험에 대해 충분히 인식하면서 그 이상으로 보상되었다. 예를 들어, 1922년부터 1986년 사이에 영국과 웨일스의 차량의 수는 25배 이상 증가했지만, 같은 기간 15세 미만 교통사고 사망자의 숫자는 매년 736명에서 358

명으로 감소했다. 차량당 사망률 또한 98% 감소했다.

사망률이 감소한 것은 아마 어린이를 위한 도로 안전 캠페인의 효과뿐 아니라, 부모들이 인지한 위험에 대응해 행동했기 때문일 것이다. 1971년에는 8세 아동의 80%가 혼자 등교했다. 1990년에는 교통 공포증과 아동 납치 사건이 신문에 지속적으로 보도되면서 이 수치가 9%로 떨어지게 된다.

안전띠 착용으로 인한 위험 보상을 강력하게 뒷받침하는 증거도 있다. 예를 들어, 안전띠를 의무화하는 법을 통과시킨 국가의 도로 사망 수치를 그렇지 않은 국가들의 수치와 비교하면 된다. 총체적으로 그런 법을 통과하지 않은 국가들의 연구 기간 동안 사망률은, 법을 통과한 국가들보다 더 많이 감소한 것으로 나온다. 그 결과를 통해 더 많은 운전자가 안전띠를 착용하고 더 빨리 운전하기 때문에, 자전거를 타는 사람들과 보행자들이 덜 안전했다는 것을 시사한다.

안전띠 의무화 이후 치명적인 사고는 분명 줄어들었지만, 그 이전에 줄어들던 속도에 비하면 느려졌고, 관련 법이 없는 국가들에 비해서도 더 적은 폭으로 감소했다. 하지만 정부는 역시 그런 감소를 자신들의 공으로 돌린다.

어떤 문제라도 기존의 상황이 충분히 나쁘고 그중 일부가 통계적인 변동이나 인간의 인식과 현명한 행동 때문에 제거될 수 있다면, 당신이 무엇을 하든 (아무것도 하지 않더라도) 문제가 개선될 것이다. 또는 정치인들이 '내가 구했어!'라고 공을 가져갈 것이다.

정치인들이 만들어내는 수학적 혼란의 종류는 수학과 통계와 데이터가 오용되는 가장 일반적인 다섯 가지의 예로 요약할 수 있다.

1. **부적절한 수치를 인용한다.** 최근 사례로는 영국에서 EU 탈퇴에 대한 국민 투표 과정에서, 탈퇴를 주장하는 측이 탈퇴 시 매주 3억 5,000만 파운드의 이익이 있다는 멋들어진 광고물을 캠페인 버스 측면에 붙였다. 이 수치는 영국이 확보한 1억 파운드의 기여금과 EU 탈퇴와 관련된 모든 비용을 고의로 무시했다. 또한, 2020년 2월 제안된 점수제 영국 이민 프로그램을 정당화하기 위해, 내무 장관인 프리티 파텔은 이민자들을 줄임으로써 800만 개가 넘는 일자리가 영국인들에게 돌아갈 것이라 했다. 하지만 800만 명에는 230만 명의 학생과 210만 명의 장기 환자와 은퇴했거나 집에서 가족을 돌보는 사람들이 포함되어 있었다. 실제로 그중 190만 명 미만이 일자리를 원한다고 보고되었다.

2. **제안된 정책을 지원하거나 기존 정책을 정당화하기 위해 특별히 선택된 매우 선별적인 데이터를 인용한다.** 예를 들어, 경찰에 보고되지 않은 범죄와 병원 입원 등을 포함하는 데이터를 사용하는 대신, 경찰이 가진 데이터만을 사용해 불완전하게 폭행을 측정하는 것이다. 선별적인 데이터를 사용하는 또 다른 예시는 '2019년 말 영국의 기대 수명이 줄어들고 있다'는 보고에서 발견할 수 있다. 하틀풀과 같은 특정한 지역에서 근래에 기대 수명이 약

간 감소한 것은 사실이지만, 전국을 기준으로 볼 때는 정체되어 지난 2년간 일정하게 유지되었다.

전체 수치가 일정하게 유지되면 일부는 하락하고 일부는 증가할 것으로 예상해야 한다. 그냥 자신들의 정치적 사건을 정당화하기 위해 원하는 데이터들을 뽑아낸 것이다. 또 다른 예시로는 2019년 9월 말 영국 법원에서 선고한 징역 기간의 평균이 18개월로, 그 전년도 대비 0.7개월이 증가해 10년 내 최대 수치를 기록했다는 것이다. 만세! 우리가 범죄를 더 엄하게 다룬다고 볼 수 있다. 하지만 영국과 웨일스에서 형사 사법 제도를 통해 공식적으로 처벌을 받은 총인원은 1% 감소했다. 우우! 범죄자를 못 잡은 것 아닌가.

3. **원하는 감정 반응을 일으키는 방식으로 통계를 제시한다.** 때로는 한가지 방식으로 제시된 그림이 좋은 인상을 수는 반면, 다른 방식은 우울해 보일 수 있다. 예를 들어, 유아 사망률을 살펴보자. 세계보건기구(WHO)의 전 세계 유아 사망률 수치에 따르면, 첫 번째 생일 이전에 사망한 사람의 수는 1,000명당 29명으로 사상 최저 수준이다. 하지만 이것은 아직도 34명 중 1명이 태어나서 1년도 살지 못하고 죽는다는 나쁜 소식으로 볼 수도 있다. 2020년 초부터 2월 말까지 7주 동안 중국에서 2,835명이 COVID-19 바이러스로 사망했다고 말하면 매우 걱정스럽지만, 같은 기간 중국 도로에서 사망한 사람의 12분의 1에 해당

한다고 말하면 그렇게 크게 보이지 않기도 한다. 또는 이 바이러스가 중국 인구의 0.0002%를 죽였다고 말한다면 훨씬 덜 우려스럽게 보인다.

4. **아마도 통계적 오류나 우연일 뿐인 것에 대한 책임을 주장한다.** 1976년 8월 말 특히나 건조했던 여름 영국의 데니스 하웰은 가뭄 장관으로 임명되었고 그는 종종 '비 장관'이라고 불렸다. 며칠 후 폭우로 홍수가 만연했고 그는 홍수 장관이라고 불렸다. 제임스 캘러헌 총리에게 국가를 위해 기우제 춤을 추도록 권유받은 것 외에도, 그가 아내와 함께 목욕하는 방식으로 물 부족 해결에 참여한 것 이외에는 그가 날씨 변화에 대해 어떤 공을 주장할 수 있는지는 명확하지 않다. 일반적으로 상황이 잘되면 공을 취하고 상황이 나빠지면 책임을 지지 않는 것이 정치인의 본질이다.

　범죄 수치에서 매우 현실적인 예시들을 볼 수 있다. 특정 범죄율이 상승하는 것으로 보이면 정부는 발생률을 줄이기 위한 정책을 발표한다. 비율이 떨어지면 진정한 이유가 무엇이건 간에 자신들의 정책이 범죄율을 감소시켰다고 공을 취한다. 2002년 이후의 차량 범죄 수치가 좋은 예시다.

　그해 정부 공공 서비스 계약에서 차량 도난 범죄를 감소시키기 위해 특정한 목표가 설정되었다. 영국범죄조사에 따르면 1999년의 차량 도난 범죄는 295만 6,000건으로 추정되었다.

2004년에는 약 36% 감소한 188만 6,000건으로 감소했다. 이는 정부의 목표인 30%를 넘어서는 큰 성공이었다.

그러나 2007년에 출범한 범죄와 사법 연구센터의 '노동 범죄 10년'이라는 독립된 보고서에 따르면, 차량 범죄는 2002년 공익 서비스 협정 이전 몇 년 동안 이미 급격한 감소 추세에 있었다. 1995년과 1999년 사이에 영국범죄조사에 따르면 차량 도난은 431만 8,000건에서 295만 6,000건으로 32% 감소했으며, 이는 주로 자동차 제조업체가 차량 보안 기능을 개선했기 때문이다. 범죄와 사법 연구센터의 보고서에 따르면 '이 추세가 계속될 것이라고 가정하는 것이 합리적이었다. 따라서 노동당은 이 목표를 달성하기 위해 아무것도 하지 않았더라도 이 목표가 달성될 것이라고 상당히 확신할 수 있었을 것이다.'

5. **닮지 않은 것들끼리 비교한다.** 어떤 것이 개선 또는 악화되었는지 감지하고 측정하기 위해서는 최신 수치를 이전 측정 수치와 비교하는 것이 포함되어야 하지만, 측정 방법이 변경되었다면 동등한 것끼리 비교하지 못할 수도 있다. 영국의 소매 가격 물가 상승률은 '전형적인' 가정용 제품들의 장바구니 비용의 변화에 따라 측정되지만, 장바구니의 내용물은 시간이 지남에 따라 변한다. 2019년에는 팝콘, 땅콩버터, 허브 티, 성인용 모자, 비-가죽 소파, 전동 칫솔, 반려견 간식 등 16개의 새로운 품목이 장바구니에 추가되었다. 식기 세트, 직원 식당의 음료수, 세

제, 봉투 등은 가정이 장을 볼 때 덜 전형적인 것으로 간주되어 리스트에서 제외되었다. 이러한 변화가 전체 지수에 미치는 영향은 매우 불분명하다. 때로는 무언가가 더 측정되지 않았기 때문에 동일 항목의 비교가 완전히 불가능해지기도 한다. 2015년 데이비드 캐머런 총리는 '영국에서 빈곤이 과거의 역사가 되도록 만들겠다'라고 자랑스럽게 발표했으며, '아동 빈곤법 2010'을 폐지하고 공식적인 빈곤 측정을 포기했다. 독립 사회 통계위원회에 따르면 2018년 영국의 빈곤 인구는 1,430만 명이지만, 빈곤은 과거의 역사에나 기록된 것이 되었다고 할 수 있다.

마지막으로 코로나바이러스 문제에 대한 각국 정부의 대응에 대해 생각해보면서 이 장을 마치도록 하자. 정책 입안자들이 마주한 진짜 문제는 이것이었다. 만약 당신이 아무것도 하지 않거나 최소한의 예방 조치만을 취했는데 결과가 정말 나쁘게 나온다면 그것은 정치적으로 재앙이 될 것이다. 그래서 위협을 과장하는 일반적인 논리가 적용된다. 아무 일도 일어나지 않거나 예상하거나 두려워한 것보다 덜 심각한 나쁜 결과가 나타나면, 정치인들은 자신들이 강력한 경고를 하지 않았더라면 결과가 훨씬 나빠졌을 것이라고 말할 수 있다. 또는 단순하게 '내가 구했어!'라고 할 수 있다.

CHAPTER 6

크고 작은 숫자들

어떻게 우리는 숫자를 헷갈리는가

—

인간은 아주 크거나 아주 작은 숫자를 이해할 수 없다.
우리가 그 사실을 인정하는 것이 유용할 것이다.

- 대니얼 카너먼, 「나는 이만큼 안다」, 〈가디언〉, 2012년 7월 8일 *

2019년 말, 영국 북부와 남부를 연결하는 HS2 고속철도 프로젝트의
비용은 약 1,060억 파운드로 원래 추정치의 3배가 넘는 비용이 든다
고 발표되었다. 그런 수치를 보면 어떤 생각이 드는가?

(a) 엄청나게 많은 돈 같다.

(b) 어떻게 그렇게 어마어마한 계산을 잘못했을 수 있을까?

(c) 수백만 수십억 수조, 어쨌든 간에 차이점이 무엇일까?

---

* Daniel Kahneman, 'This Much I Know', *Guardian*, 8 July 2012.

(d) 그래서 1,060억 파운드는 얼마일까?

(e) 위의 모든 것

　위의 답변 중 일부 또는 전부가 올바른 것이라 말할 수 있으므로 뭐라고 답했든 정답을 맞힌 것을 축하한다. 실제로 1,060억 파운드는 정말 많은 돈이다. 또한, 정부 계약을 수주할 때 과소 비용 평가는 매우 흔한 일이어서 상당히 일반적인 일이 되었다. 문제는 엄청나게 비싼 계약을 중간에 취소하는 비용 또한 너무나도 비싸므로 과다 지출에 동의할 수밖에 없다는 것이다. 이러한 계약에 벌금 조항을 삽입하더라도 결국 그 조항으로 인해 시공사가 파산하게 되고, 결과적으로 사업에 투입된 모든 돈이 손실되는 일이 발생할 수 있으므로 무의미하다. 그리고 우리 중 가장 부자이거나 가장 수학적 능력이 뛰어난 사람들마저도 돈이 적용될 때 큰 숫자에 제대로 대처하지 못한다.

　우선 언어학 역사를 약간 살펴보자. 1926년 헨리 파울러는 『현대 영어 용법』 초판에서 다음의 항목을 작성했다:

　Billion, Trillion, Quadrillion 등의 단어들은 프랑스 용법을 따르는 미국과 그렇지 않은 영국의 용법이 다르다는 것을 명심해야 한다. 영국의 경우 이것들은 Million(백만)의 제곱, 세 제곱, 네 제곱을 뜻한다. 즉, Billion은 백만의 백만($10^6 \times 10^6 = 10^{12}$)이고 Trillion은 백만의 백만의 백만($10^6 \times 10^6 \times 10^6 = 10^{18}$)이다. 미국인들은 이것을 천의 세 제곱, 네 제곱, 다섯 제곱으로 사용한다. 즉, Billion은 천의 천의 천

$(10^3 \times 10^3 \times 10^3 = 10^9)$ 또는 천의 백만$(10^3 \times 10^6 = 10^9)$이고, Trillion은 천의 천의 천의 천$(10^3 \times 10^3 \times 10^3 \times 10^3 = 10^{12})$ 또는 백만의 백만$(10^6 \times 10^6 = 10^{12})$ 이다.

'Milliard'라는 단어 또한 프랑스어에서 기원한 것으로 영국에서는 종종 천만을 나타내는 단어로 사용되었지만, 대중적으로 받아들여지지는 않았다.

이런 혼잡한 용어 사용이 약 반세기 동안 지속한 후, 1975년 영국 재무부는 미국의 Billion(10억)을 사용할 것을 발표했고, 이후 영국의 영어에서 천 백만이라는 의미로 사용되는 경우가 지속적으로 증가했다.

'백만장자'라는 단어는 미시시피 컴퍼니를 설립하고 프랑스에 엄청나게 과대평가된 주식을 팔아 백만 리브르 이상의 큰돈을 벌어들인, 경제학자이자 도박꾼이자 교활한 금융가인 존 로를 묘사하기 위해 처음 프랑스에서 사용되었다. 영국의 경우 1795년 〈타임즈〉에서 '확실한 백만장자의 엄청난 질투가 온 세상의 화제가 되었다'라는 기사에서 처음 사용되었다. 안타깝게도 그 기사에는 백만장자의 이름은 언급되지 않는다.

미국 신문에 따르면 최초의 억만장자*는 존 D. 록펠러인데, 그는 스탠더드 오일 주식의 가치가 급등한 후 1916년 9월에 억만장자의

---

* billionaire; 순자산이 10억 달러를 초과하는 사람.

위치에 도달한 것으로 보고되었다. 그러나 어떤 이들은 그의 재산이 9억 달러를 넘지 않았다고 주장한다. 어쨌든 1916년 환율이 파운드당 4.7달러였기 때문에 영국의 기준에서는 억만장자에는 못 미쳤다. 산업가이자 자동차 제조업자인 헨리 포드는 1920년대 언젠가에 10억 달러를 돌파한 것으로 보인다.

2019년 포브스 부자 순위에 따르면 현재 전 세계적으로 약 2,153명의 달러 억만장자들이 있다. 아마존의 설립자 제프 베조스는 추정 순 자산이 1,310억 달러로 1위에 올랐지만, 파운드당 1.3달러의 현재 환율로 보면 그의 재산은 1,000억 파운드를 조금 넘는 수준이기 때문에 그조차도 HS2의 공사 비용인 1,060억 파운드를 감당할 수 없다.

그렇다면 1,060억 파운드는 얼마이며 이것이 가치가 있는 투자인지는 어떻게 판단할 수 있을까? 2011년 기존의 추정치가 327억 파운드였을 때도 독립 단체들은 그것이 충분한 가치가 있는 투자인지 많은 의구심을 표현했다. 한 세기 전에는 백만장자가 상상할 수 없을 정도의 부자처럼 보였던 것처럼, 수십억 파운드는 대부분의 사람들의 경험을 훨씬 벗어났고, 그 결과 금액의 가치를 파악하기 어렵다. 따라서 여기에 1,060억 파운드의 가치를 알아볼 수 있는 몇 가지 비교사항들을 적어보았다.

1,060억 파운드 이상의 품목:

- 1,370억 파운드: 2019~2020년 영국에서 부가가치세로 걷은 총 세금

- 1,301억 파운드: 2019~2020년에 예상되는 영국 정부의 의료 지출

1,060억 파운드 미만 품목:

- 290억 파운드: 2019~2020년에 예상되는 영국의 국방비 지출
- 635억 파운드: 2019~2020년에 예상되는 영국의 교육비 지출
- 1,012억 파운드: 2019~2020년에 예상되는 주 연금 지출

1,060억 파운드는 영국의 모든 가정에 3,500파운드 이상을 배분할 수 있는 금액이며, 이는 웨스트민스터의 모든 하원의원에게 급여를 2,000년 동안 지급할 수 있는 돈이다.

순수 비용과는 별개로 HS2와 같은 거대 프로젝트는 넓은 범위에 걸쳐 있고 매우 복잡하므로 그것이 적절한 가격인지 아닌지 판단하기 쉽지 않다. 하지만 HS2가 330마일의 선로로 이루어져 있는데 그건 인치(2.54cm)마다 5,000파운드의 비용 또는 밀리미터당 200파운드의 비용이 든다는 것을 뜻한다. 이게 좋은 투자일까?

마지막으로 2019년 12월 현재 영국에서 유통되는 모든 지폐와 코인의 가치는 826.5억 파운드에 불과해 1,060억 파운드의 비용은 현금으로 지급될 가능성이 매우 낮다. 1파운드 동전 1,060억 개를 모아 쌓아 두면 달에 닿지는 않는다. 하지만 그것을 모두 50페니(0.5파운드) 동전으로 바꾸면 달이 지구에서 가장 가까울 때 달에 도달할 수 있다.

우리가 많은 양의 돈을 잘 해석하지 못한다는 점을 살펴보았는데 그렇다면 돈이 아닌 다른 큰 숫자는 어떨까? 대수의 법칙에 대해 배

워 보기 딱 좋은 시점이다.

간단히 말해서 확률 이론의 기본 법칙인 대수의 법칙은, 어떤 일이 발생하는 빈도를 측정하기 위해 더 많이 반복할수록 최종적인 결과가 더 정확해진다는 것을 뜻한다.

간단하게 동전 던지기로 예를 들어보자. 정상적인 상황에서 동전의 앞뒷면이 나올 확률이 다르다고 가정할 이유가 없으니, 50% 확률로 앞면이나 뒷면이 나온다고 가정할 수 있다. 이것을 확인해보기 위해서 동전을 계속 던지면서 그 결과를 받아 적어보자. 전체 결과를 신뢰할 수 있다고 합리적으로 확신하기 위해서는 동전을 몇 번 던져야 할까?

공정한 동전을 한 번 던지면 앞 또는 뒤의 결과가 똑같은 확률로 나타난다.

두 번을 던지면 네 가지 결과가 나타날 수 있다: 앞앞, 앞뒤, 뒤앞, 뒤뒤.

세 번을 던지면 여덟 가지 결과가 나타날 수 있다: 앞앞앞, 앞앞뒤, 앞뒤앞, 뒤앞앞, 앞뒤뒤, 뒤앞뒤, 뒤뒤앞, 뒤뒤뒤. 이렇게 한 번 더 던질 때마다 나타날 결과의 수가 두 배로 증가한다.

따라서 8번 던지게 되면 256개의 동일한 확률의 결과들이 나올 수 있고, 이 중에는 8앞은 1회, 7앞-1뒤와 1앞-7뒤는 8회 포함된다. 이런 방식으로 계산하면 6앞-2뒤와 2앞-6뒤는 각각 28회 등장하고, 5앞-3뒤와 3앞-5뒤는 56회씩, 4앞-4뒤는 70회 포함된다는 것을 알 수 있다.

동전을 8번 던졌을 때 8-0 또는 7-1이 나오는 경우의 수는(8앞, 8뒤, 7앞-1뒤, 1앞-7뒤) 1+1+8+8으로 256번 중 18회다. 즉, 동전을 8번 던지면 약 7% 정도의 확률로 이렇게 불균형한 결과가 나타난다. 동전을 8번 던진 후 이런 결과 중 하나가 나오면 동전이 편향되었다고 생각할 수도 있지만, 그 결과가 의미하는 바를 더 확신하려면 더 많이 던져볼 필요가 있다.

계산을 해보면 동전을 2,500번 던지고 결과가 앞면과 뒷면이 비슷하게 나온다면, 우리는 앞면이나 뒷면을 얻을 확률이 48%와 52% 사이에 있다고 95% 신뢰 수준에서 말할 수 있다. 500번을 던지면 신뢰구간이 45.6%~54.4%로 증가하게 되고, 100번을 던지면 앞면이 50번 나오고 뒷면이 50번 나왔다고 하더라도 우리는 95% 신뢰구간에서 실제 비율이 40%와 60%에 사이에 있다고만 주장할 수 있다.

큰 수의 법칙은 공정한 동전을 많이 던질수록 정확하게 50-50의 비율로 앞면과 뒷면이 나온다는 것이 아니다(실제로는 두 번 던지는 게 50-50 비율이 나올 확률이 가장 높다). 이 법칙에 따르면 동전을 더 많이 던질수록 측정된 비율/결괏값이, 실제 수치에 가까워질 확률이 높아진다.

이제 이 질문을 살펴보자:

동전을 5번 던졌을 때 모두 앞면이 나왔다. 다음번 던졌을 때는 어떤 결과가 나올까?

(a) 이제 뒷면이 나올 때가 되었으니 뒷면이 나온다.

(b) 과거의 결과는 미래를 예측하지 않기 때문에 여전히 50-50이다.

(c) 5번의 결과가 모두 앞면이 나온 것을 볼 때, 동전은 공정하지 않 기 때문에 다음에도 앞면이 나온다.

이런 답변이 모두 올바르지 않다는 주장도 있다. (a)가 답이라고 한 사람은 도박꾼의 오류에 빠진 것이다. 이것은 다수의 법칙에 대한 오해에 근거한 것이다. 이 법칙에 따르면 공정한 동전을 많이 던질수록 앞면이 나온 비율이 50%에 가까워질 것이다. 이는 5-0의 결과가 빠르게 균형을 이룰 것이라는 말과는 다르다. 다음 50번을 던져서 앞면과 뒷면이 같은 횟수로 나오면 총 점수는 30-25가 되고, 이것이 처음의 5-0보다 50/50 비율에 더 가깝다는 것이다. 트버스키와 카너먼은 다음과 같이 설명했다:

도박꾼의 오류의 핵심은 우연의 법칙의 공정성에 대한 오해다. 도박꾼은 동전의 공정성으로 인해 한 방향으로 편차가 일어나면 다른 방향의 편차가 곧 일어나 그것을 상쇄할 것이라고 기대한다. 하지만 이런 무작위 사건은 과거를 기억하지도 않고 도덕적인 감정도 없으므로, 가장 공정한 동전조차도 도박꾼이 기대하는 방식으로 공정하지는 않다.

질문으로 돌아가서 (b)를 답이라고 선택했다면, 처음 던진 5번의 증거를 무시했다는 비판을 받을 수 있다. 동전을 처음 던질 때는 공정하다고 가정했을지 모르지만, 5번 연속해서 한 면이 나타났을 때는 그 가정에 대한 믿음이 흔들리기 시작할 수 있다. 물론 5개의 앞면은 동전이 편향되었다고 결론을 내리기에는 너무 작은 표본이지만, 적어도 동전이 실제로 편향되어 있다면 앞면 쪽으로 편향되었을 가능성이 크다고 느낄 수 있다.

하지만 (c)라고 답한 사람은 또 다른 법칙인 작은 수의 법칙의 함정에 빠진 것이다. 작은 표본을 기반으로 너무 빨리 결론에 도달하거나 작은 표본이 큰 표본과 같은 방식으로 작동할 것으로 기대하는 오류다. 동전을 5번 던지면 32가지 결과가 나올 수 있다. 앞면과 뒷면이 5번 나올 확률은 각기 32분의 1이다. 따라서 5번의 결과가 모두 같은 확률은 16분의 1로 6.25%다. 따라서 던지기가 모두 같지 않을 확률은 93.75%로, 통계학자들이 일반적으로 결과가 '유의'하다고 하는 데 필요한 95%의 수준에 도달하지 못하는 것이다.

위 도박꾼의 오류에 대해 인용한 문구는 「작은 표본의 법칙에 대한 믿음(Belief in the Law of Small Samples)」이라는 제목의 논문에서 나왔다. 저자들은 이런 문제를 더 잘 알아야 하는 사람들조차도, 작은 표본이 비현실적으로 행동하길 바라는 비현실적인 기대를 할 수 있음을 보여주었다. 작은 표본에 대한 가설 실험에서 기대한 결과가 무엇인지 물었을 때, 심리학자 그룹은 작은 그룹에서 얻은 결과가 큰 그룹에서 얻은 결과를 확인할 가능성을 지속적으로 과대평가했다.

이것이 테니스 선수의 서브 방향이 게임 이론이 권장하는 것처럼 무작위가 아니고, 사람들이 작성한 동전 던지기 결과가 실제와 유사하지 않은 이유다(4장을 참조). 우리는 서브와 동전 던지기가 장기적으로 50-50 분포를 가져야 한다는 것을 알고 있지만, 매우 긴 결과 배열의 짧은 하위 배열도 그런 규칙을 따라야 한다고 생각하는 실수를 범한다.

우리 삶의 숫자들에 대해 느껴볼 수 있는 몇 가지 예제를 다루면서 큰 숫자와 작은 숫자에 대한 이 장을 끝내보자.

- 우리 대부분은 20억 초 이상을 살아간다. 20억 초는 64년이 조금 안 되는 시간이다.
- 적도의 길이는 15억 인치가 넘는다.
- 지구의 인구는 약 78억 명이다.
- 지구에서 달까지의 거리는 150억 인치다.
- 사람의 뇌에는 평균적으로 1,000억 개의 세포가 있다.
- 은하계에는 별이 1,000억~4,000억 개 있다.
- 전 세계적으로 매일 이메일이 약 3,000억 개 발송되며 추가로 트윗이 약 5,000억 개 만들어진다.
- 빛이 1년간 이동하는 거리인 1광년은 약 5.9조 마일이다.
- 사람의 몸에는 평균적으로 세포가 30조~40조 개 있다.
- 태양은 평균적으로 지구에서 5.89조 인치 거리에 있다.
- 지구에는 개미가 약 1경(10^{16}) 마리 있는 것으로 추정된다.
- 킬로미터는 1,000미터에 해당한다. 메가 미터, 기가 미터, 테라

미터는 각각 100만, 10억, 1조 미터에 해당한다.

- 그 외에 페타 미터, 엑사 미터, 제타 미터, 요타 미터는 1,000조 (10^{15}), 100경(10^{18}), 10해(10^{21}), 1자(10^{24}) 미터에 해당한다.

- 은하수의 폭은 대략 1제타 미터다. 관측 가능한 우주는 지름이 약 1,000요타 미터인 것으로 추정된다.

- 1센티미터와 밀리미터는 각각 100분의 1미터와 1,000분의 1미터다. 마이크로 미터, 나노 미터, 피코 미터는 각각 100만분의 1미터, 10억분의 1미터, 1조분의 1미터다.

- 그 이상으로 펨토 미터와 아토 미터가 있다(1,000조분의 1과 100경분의 1).

- 알려진 바이러스 중 가장 작은 것은 길이가 약 30나노 미터다.

- 원자의 지름은 약 0.1~0.5나노 미터($1 \times 10^{-10} \sim 5 \times 10^{-10}$m)다.

- 양성자의 직경은 약 1펨토 미터다. 쿼크의 길이는 아토 미터 정도인 것으로 생각된다. 쿼크는 우리가 아는 것 중 우주에서 가장 작은 입자다.

CHAPTER 7

유의성의 비-유의성

오해의 소지가 있는 통계학자들의 언어

—

우리는 어떤 주제를 수학적으로 처리하면 그 결과가 정확하고 타당하다고 믿는
미신을 타파해야 한다. 수학은 어떤 것을 명확하게 드러내는 것만큼
모호하게 만드는 것에도 사용될 수 있다.

– 데이비드 바칸, 『방법론(On Method)』, 1967

2020년 1월 말 어느 날 아침에 나는 영국 신문을 훑어보면서 시선을 끄는 다음의 헤드라인들을 발견했다.

'평균적인 가정은 127파운드 상당의 오래된 기기들을 가지고 있다.' 〈데일리 텔레그래프〉

'가정 학대 사건의 72%에 테크놀러지가 사용된다.' 〈더 타임즈〉

'중국의 코로나바이러스는 정말 박쥐에서 나왔다.' 〈데일리 메일〉

'부부들이 친밀감 부족을 겪고 있다.' 〈메트로〉

내가 생각했던 것처럼 이야기를 조금 더 깊게 들여다보면 이 모든 헤드라인들은 언론이 일반적으로 하는 과장이나 난독화에 해당한다. 한 번에 하나씩 살펴보자.

오래된 기기: 기사에서 알 수 있듯이 휴대전화에는 소량의 여러 가지 화학 원소들이 포함되어 있으며 일부는 거의 들어본 적이 없는 것들이다. 배선에 사용되는 구리와 별개로 네오디뮴, 테르븀, 탄탈륨 등 수십 가지가 있지만, 우리가 흥미를 느끼는 것은 바로 금이다. "휴대전화 1톤에 금광석 1톤보다 금이 100배 더 많다"라는 문구는 UN 보고서에서 인용된 것으로 추정된다. 아마도 이 금은 127파운드 수치에 기여할 것이지만, 어쨌든 '127파운드의 가치'라는 것은 무엇을 의미할까? 그 기기들을 버린 가정에게 127파운드의 가치가 있다는 것일까? 아니면 단순히 전문가가 꼼꼼하게 추출한 금과 구리와 네오디뮴 등이 127파운드의 가치가 있다는 것일까?

버려진 휴대전화들을 모아서 고물상에 가져간 뒤 금광석 무게의 100배에 해당하는 가치가 있다고 말하면 내 말을 믿을까? 당연히 이것을 확인해보고 싶었지만 다소 모호해 보였다(미터법과 영국식 단위가 혼합된 정보에서 사용 가능한 데이터를 찾아서 계산하는 것이 번거로웠다).

고급 금광석 1파운드에는 약 0.0005oz의 금이 포함되어 있다. 미터톤(1,000kg)의 금광석에는 2,204.6파운드의 금이 포함되어 있으니, 금광석 1톤당 1.1oz 또는 31g에 해당한다. 몇 년 전 미국의 지질학 보고서를 보면 휴대전화에 0.034g의 금이 포함되어 있다고 한다. 가장 인기 있는 휴대전화의 무게는 약 160g이므로 1톤당 휴대전화는

1,000,000/160=6,250개다. 지질학 보고서에서 볼 수 있듯이 이 휴대전화 각각에 0.034g의 금이 포함되어 있다면, 휴대전화 1톤에는 약 0.034×6,250=212.5g의 금이 포함되어 있고 이것은 31g의 100배가 안 되는 양이다.

즉, 우리의 가설은 실제 휴대전화의 금 가치를 상당히 과대평가한 것처럼 보인다. 예전에 사용하던 휴대전화들을 모두 묶어서 고물상에 가져가면 127파운드는커녕 5파운드나 받으면 운이 좋은 것으로 생각한 내 직감이 맞았다는 것을 나타낸다.

그렇다면 가정 폭력 사건의 72%에서 테크놀러지가 역할을 했다는 기사는 어떨까? 이 기사에서 '테크놀러지'는 숨겨진 카메라, GPS 추적, 소셜미디어 괴롭힘, 다양한 스마트 홈 기기들의 사용을 언급하고 있지만, '일부 역할을 한다'와 '사건들'은 무엇을 의미하는가? 모든 가정 폭력 '사건'의 72%를 말하는가 아니면 법원에서 다루어진 사건의 72%를 말하는가? 이 72%라는 수치는 가정폭력 피난단체에서 다룬 케이스의 72%를 말하는 것으로, 모든 가정 폭력 케이스를 대표하는 표본은 아닐 가능성이 크다. 이 72%는 휴대전화와 같은 전자기기가 사용된 모든 케이스를 말하는가(예를 들어, 휴대전화를 누군가에게 던졌든지) 아니면 휴대전화를 상대방을 컨트롤하고 스토킹하는 데 사용한 것처럼 더 구체적인 것을 말하는가? 이런 질문들에 대한 정보 없이 72%처럼 정확한 수치만을 제공하는 것은 정밀한 수치를 적절하지 않게 사용한 것이다.

그리고 코로나바이러스가 정말 실제로 박쥐에서 넘어온 것일까? 헤드라인은 그렇다고 말했지만 기사 내용을 설득력이 떨어졌다. '과학자들은 바이러스가 [박쥐에서] 발견된 바이러스와 96% 동일하다는 사실을 밝혔다. 이로 인해 그 바이러스가 원인일 가능성이 있지만, 아직 확인되지 않았다.'

이상하게도 96%는 인간의 DNA와 침팬지의 DNA에 대한 유사성을 말할 때 종종 제시되는 수치다(때로는 95%에서 99%에 달하는 다른 추정치들을 볼 수 있다). 수치가 어떻게 작용하는지 그리고 이것이 아무런 효과가 없는 것처럼 보이는 '조용한 돌연변이'를 포함하는지를 확인해야 한다.

인간의 코로나바이러스가 박쥐의 코로나바이러스와 96% 유사하다는 사실은, 이것이 박쥐에서 넘어온 것이라는 증거가 아니다. 이전 보고서들에 따르면 낙타나 뱀 또는 사향고양이가 원인일 수 있으며, 보고서가 쓰인 당시에는 실제로 박쥐에서 사람으로 코로나바이러스가 옮겨왔더라도 그것을 증명할 수 있는 직접적인 증거가 없었다. 아마도 박쥐에서 낙타나 뱀이나 사향고양이 또는 천산갑(최근에 밝혀진 용의자)을 통해 옮겨왔을 확률이 높다.

〈메트로〉에 보고된 설문조사에서 볼 수 있듯이, 사람들은 '친밀감 부족'을 겪고 있는 정도를 필사적으로 알고 싶을 것이다. 나는 이 보고서에 언급된 다소 모호한 수치 중 45세 미만의 영국인 중 35%가 잘 때 자신의 파트너보다 휴대전화를 더 가깝게 두고 잔다는 사실에 놀랐고, 전체 영국인의 56%가 파트너와 더 친밀감을 느끼길 원한다는 사실에 더욱 놀랐다.

설문조사의 경우 거의 항상 그렇듯이 응답자에게 제공한 설문지를 보고서에 포함시키지 않았기 때문에, 정확하게 어떻게 친밀성을 정의했는지는 알 수 없다. 사람들은 수면 중에 이동하는 경향이 있지만, 일반적으로 휴대전화는 침대 옆 탁자 위에 두기 때문에 두 사람이 잠을 잤다면 그 두 사람의 평균 거리를 측정해야 할까? 그리고 그거리는 두 사람의 무게 중심 사이의 거리를 말하는 것일까? 아니면 가장 가까운 거리를 말하는 것일까?

이 기사에 인용된 설문조사는 성인 1,000명을 대상으로 한 것으로 나타났지만, 그 표본이 함께 자는 파트너가 있는 사람들로 제한되었는지 또는 그렇지 않은 사람들을 포함했는지는 밝히지 않았다. 질문이 항상 파트너를 언급하는 것에서 솔로인 사람은 배제되었다고 생각할 수 있어서, 더 많은 친밀감을 느끼길 원하는 사람들이 56%에 달한다는 수치를 볼 때 훨씬 더 불안하게 된다. 이는 최소 56%의 사람들이 더 친밀감을 많이 느끼길 원할 뿐만 아니라 더 친밀감을 느끼길 원하는 사람과 함께 자고 있다는 것이다. 여기에서 의사소통에 문제가 있는 것으로 보인다. 너무 부끄러워서 말하기 어렵다면 가까이에 있는 휴대전화를 통해 파트너와 그 문제에 대해 자세히 논의할 것을 제안한다.

통계학자와 심리학자조차도 이런 결과를 제대로 이해하지 못하는 불안한 경향을 보였다. 실제로 최근 몇 년 동안 많은 영향력 있는 통계학자나 사회과학자들은 결과가 '유의'하다고 할 때 그것에 속지 않도록 주의해야 한다고 권고했다.

'유의하다'는 결과는 반드시 의미가 있다거나 그것 때문에 태도나 행동을 많이 변화시켜야 한다는 의미가 아니다. 통계적 유의성이라는 용어는 일반적으로 이해되는 '의미가 있다'라는 표현과는 다른 것으로 매우 특정한 뜻을 가진다. 통계학자에게 유의한 결과는 어떤 일이 우연히 발생하지 않았을 확률이 높다는 것을 의미한다. 또한 이 정의에 '확률'이 들어가는 것 또한 특별한 의미가 있다. 하지만 많은 사람들이 그 의미를 잊고 사용하는 것으로 보인다.

유의성

1925년 통계학자 로널드 피셔가 도입한 피셔의 유의성 검증은 이후 빠르게 신약 실험의 결과를 평가하는 표준 시험이 되었고, 이후 거의 1세기 동안 지속적으로 그 가치에 대한 논쟁이 이어져왔다.

피셔의 아이디어는 간단했다. 가설을 만들고 실험을 수행해 일부 데이터를 생성한 뒤 검증을 진행했다. 그런 다음 데이터가 우연의 결과로 발생했을 확률을 알려주는 통계 기법을 적용해 그 가설을 채택하거나 기각한다. 이 접근 방식을 일반적으로 적용하는 데에는 세 가지 중요한 문제점이 있다.

(1) 피셔의 유의성 검정에는 실험에서 확인하려는 가설과 실제로는 반대인 '귀무가설(영가설)'의 개념이 포함된다. 이 검정은 일반적으로 테스트 또는 조

사를 받는 두 그룹 간의 차이를 확인하기 위해 고안되었다. 귀무가설은 사실상 두 그룹 사이에 차이가 없다는 것이며, 피셔의 검증은 귀무가설이 옳다는 가정하에 실험 결과가 우연히 발생했을 확률을 알려준다.

이것은 우리가 알고 싶은 것과 반대다. 우리가 원하는 것은 실험 결과가 주어졌을 때 귀무가설이 틀릴 확률(즉, 두 그룹 간에 차이가 있을 확률)이다. 본질적으로 이것은 B가 일어난 조건에서 A가 일어날 조건부 확률과, A가 일어난 조건에서 B가 일어날 조건부 확률을 혼동하는 예시다. 피셔는 이 문제를 알고 있었지만 여전히 이 검증을 사용하는 통계학자들조차도 자주 오해한다. 또한 피셔의 검증보다 더 우수하고 사용하기 쉬우며 단순하고 일반적으로 적용 가능한 유의성 검정을 만든 사람은 아무도 없었다.

(2) 유의성이라는 단어를 사용하는 것 자체도 문제가 되어 통계적 유의성과 과학적·임상적 유의성 사이에 혼란을 불러일으킨다. 표본 크기가 크면 그룹 간의 매우 작은 차이조차도 통계적으로 유의할 수 있지만, 과학적·임상적 측면에서는 무시할 만한 차이일 수도 있다. 또한, 큰 그룹 간의 작은 차이에서 얻어진 결론을 개인에게 적용하는 것은 여러 편견으로 이어진다.

(3) 충분히 많은 수의 실험을 수행하면 일부 실험은 통계적으로 유의미한 결과를 가진다. 미국의 만화가 랜들 먼로는 젤리빈이 여드름을 유발하는지 확인하기 위해 실험을 논의하는 막대기 인간 둘의 스트립 만화를 통해 이 문제를 유쾌하게 표현했다. 과학자들은 젤리빈과 여드름 사이에 연관성이 없다는 첫 번째 실험의 결과를 보고한다. 막대기 인간은 특정 색의 젤리빈만 여드름을 유발한다는 말을 들었다고 말하고, 다음 20장의 그림에서 과학자는 보라색, 갈색, 분홍색, 파란색 등 15가지 다른 색상의 젤리빈과 여드름 사이에는 통

계적으로 유의한 연관성이 없다고 보고했지만, 숨겨진 만화 프레임에서는 여드름과 초록색 젤리빈 사이에 통계적으로 유의한 연관성이 발견되었다고 보고하는 내용이 담겨 있다……. 그다음 프레임은 '여드름에 영향을 미치는 초록색 젤리빈'이라는 제목과 '95% 신뢰성', '단지 5%의 우연의 확률'이라는 신문 첫 페이지 기사를 보여준다.

20번의 독립적인 실험 중 하나는 유의 수준의 5%(20개 중 1개)를 충족하는 결과가 우연히 나타날 수 있다고 예상할 수 있다. 다른 19개의 색을 언급하지 않고 초록색 젤리빈만 언급하게 된다면 정말 놀라운 발견이 될 수 있다. 이미 말한 것처럼 충분히 많은 실험을 수행한다면….

일반적으로 주어진 데이터의 결괏값이 우연히 발생했을 확률(p)이 20분의 1 미만일 때 그 결과를 유의하다고 간주한다. 한번은 내 동료가 심리학 저널의 논문들을 살펴본 결과 98%의 논문에서 'p 〈 0.05'라는 엄격한 기준이 사용되었으니, 전체 논문 중에서 약 3% 정도가 우연의 결과로 발생한 것이라는 결론을 말해준 적이 있다. 'p 〈 0.05'의 기준을 사용하는 경우 논문 100개 중 5개의 결과가 우연히 발생했을 것으로 예상할 수 있다. 그렇다면 95개는 우연의 결과로 발생하지 않았을 것이고, 이 기준을 통과한 98개의 논문에서 그 95개를 제외하면 약 3개의 논문이 우연히 발생한 결괏값을 가지는 것으로 생각해볼 수 있다는 것이다.

하지만 이 '우연의 결과로 발생'했다는 문구는 많은 오해와 오역을 낳는다. 최근 몇 년 동안 점점 더 많은 통계학자와 심리학자들이 실험 결과의 유의성을 입증하기 위해 고안된 통계 검정에, 부당하고 과하게 의존하는 문제를 주목하고 있다. 유의성 검정으로 일상적으로 측정되는 우연은 종종 그들이 생각하고 주장하는 것과 다르기 때문이다.

캘리포니아의 수학자이자 정치학자인 제프 길이 1999년에 「귀무가설 유의성 검정의 비-유의성」에서 적은 것처럼 '지난 50여 년간 실증적 결과들을 보고하는 데 지배적인 방법이었던 것의 구성과 해석이 중점적으로 비판받고 있다.' 그는 이 방법에 '큰 결함'이 있으며 '잘못 이해'되고 있다고 묘사했다. 심지어 '심리학 역사에서 일어난 최악의 사건' 또는 '연구 수행에 있어 무지함을 나타내는 것'이라고 평한 다른 저명한 심리학자들의 주장을 인용하면서 이 방법을 사용하지 않을 것을 주장했다.

그렇다면 그들이 무엇을 잘못하고 있으며 대체 이 '귀무가설 유의성 검증'은 무엇인지 궁금할 것이다.

귀무가설

통계학자가 아이디어를 떠올리거나 다른 사람의 아이디어를 검증하도록 의뢰받으면 그들은 관련된 표본에서 그 가설을 검증한다. 예를 들어, 네덜란드인의 평균 키가 영국인의 평균 키보다 크다거나, 고양이가 개보다 영리하다거나, 특정 동전을 던졌을 때 앞면과 뒷면이 나올 확률이 같지 않다거나 하는 등 두 그룹을 비교 검정하는 것이다. 그다음에는 무작위로 표본을 구한 뒤 측정하려는 항목을 검정한다. 그런 다음 네덜란드인과 영국인의 키나 고양이와 개의 지능이나 동전 던지기 확률에서 차이가 나타나는지 확인한다.

마지막으로 통계 검정을 적용해 그 차이가 원래 생각을 뒷받침할 만큼 충분히 크게 나타나는지 확인한다. '귀무가설'은 두 그룹 간에 차이가 없다는 가정이다. 네덜란드인과 영국인은 평균적으로 키가 같고 고양이과 개는 똑같이 영리하며 동전은 공평하다는 것이다.

모든 심리 실험은 귀무가설이 틀렸다는 것을 보여주려는 의도로 설계되었기 때문에, 그 믿음을 확인하기 위해서 유의성 검정을 적용한다. 검정 결과의 확률이 0.05 미만의 수치로 나오면 우리는 기뻐하며 귀무가설이 옳을 확률이 매우 낮다고 보고한다. 하지만 검정 결과가 나타내는 것은 그게 아니다. 문제는 위에서 언급했듯이 이 확률은 귀무가설이 정확할 확률을 나타내는 것이 아니라, 귀무가설이 옳을 때 그러한 결과가 얻어질 가능성을 보여주는 것이다.

이것이 사소한 의미론적 논쟁처럼 들릴지 모르지만, 제프 길은 그것이 단순한 논리적 오류라고 보았다. 논리의 기본 정리를 보면 'A는 B를 의미한다'라는 문장은 'B가 아니면 A가 아닌 것을 의미한다'와 일치한다. 예를 들어, '모든 까마귀는 검은 색이다'라는 문장은 '검은 색이 아닌 모든 것들은 까마귀가 아니다'와 같다. 하지만 심리학과 통계학은 사실에 대한 문장이 아닌 항상 진실이 아닌 확률과 경향을 다룬다. 예를 들어, 'A가 참이라면 B는 매우 일어날 가능성이 높다'는 'B가 거짓이라면 A는 매우 일어날 가능성이 낮다'와 다르다.

예를 들어, '영국인이 옥스퍼드나 케임브리지 대학에 입학할 확률이 매우 낮기 때문에, 어떤 사람이 옥스퍼드나 케임브리지 대학에 재학중이라면 그 사람은 아마도 영국인이 아닐 것이다'라고 하는 것과 같다.

2012년 인텔의 찰스 램딘은 〈이론과 심리학〉이라는 저널에 실린 「마법과 같은 유의성 검정」이라는 논문에서, 그가 '통계적 광대'라고 부른 것들에 대한 많은 예시를 제시했다. 그는 유의성에 대한 잘못된 믿음의 수많은 예시를 제시하기 전에, '유의성 검정은 대부분 연구자가 자신이 무엇을 한다고 생각하는 것과는 다른 것을 알려준다'라고 선언한다. 이러한 검증은 연구가 반복될 경우 결과가 복제될 수 있는 확률을 말해주지 않는다. 또한 귀무가설이 옳을 확률 또한 가르쳐주지 않는다. 더해서 대부분 사람이 믿는 것처럼 결과가 우연히 일어났을 확률을 알려주지도 않는다.

램딘은 길이 지적한 것처럼 실험 결과를 주었을 때 가설이 맞을 확률과, 가설이 맞을 때 그러한 실험 결과가 일어날 확률을 혼동하는 것을 다시 지적하면서, 학대 아동이 악몽을 꾸는 것을 예로 들어 잘 설명했다.

'조건부 확률'에 대해 말할 때, N(악몽)이 주어졌을 때 A(학대를 받음) 확률의 표준 표기법은 P(A|N)다. 분명히 램딘은 'P(N|A)는 P(A|N)와 같지 않다'라고 적었다. 전자는 전체 학대받은 아동 중에서 악몽을

꾼 아이의 비율이다. 학대받은 모든 아동이 악몽을 꾼다면 P(N|A)=1
이다. 그러나 P(A|N)는 악몽을 꾼 아동 중에서 학대를 받은 아동의
비율로 악몽을 꾼 모든 어린이가 학대를 당했을 때 1의 값을 가진다.

내가 조건부 확률에 대해 처음 경험한 것은 몇 년 전 배심원단에
서 다른 배심원들에게 그것을 설명해야 할 필요가 있다고 느꼈을 때
였다. 전문가 증인은 DNA 증거를 제시하면서 피고의 DNA와 범인의
DNA 사이에서 100만분의 1 확률의 유사성이 발견되었다고 말했다.

이것은 무척이나 피고가 범인인 것처럼 들렸지만, 나는 피고가 체
포된 이유를 듣지 못했다는 점을 지적했다. DNA가 피고와 범인을
연결하는 유일한 것이고 그의 DNA가 데이터베이스 안에 있어서 체
포되었다면, 우리는 데이터베이스에 얼마나 많은 사람이 있는지 알
아야 했다. 만약 영국의 인구 6,600만 명이 모두 들어 있다면 100만
분의 1의 유사성을 가진 66명이 있을 것으로 예상할 수 있다. 반면에
경찰이 그를 체포할 다른 근거가 있었고 이후 DNA가 100만분의 1
일치하는 것으로 밝혀졌다면, 이 확률은 매우 유의한 (통계적이 아닌 일
반적인 의미에서) 역할을 할 것이다.

나는 동료 배심원들에게 이것이 범인의 생일을 아는 것과 비슷하
다고 설명했다. 만약 용의자가 있고 그의 생일이 범인과 일치한다면
그것은 용의자에 대한 강력한 증거로 추가될 수 있지만, 경찰이 데이
터베이스에 있는 모든 사람의 생일을 찾아 그에 맞는 사람을 데려온
것이라면, 그 정보는 증거로서 가치가 상당히 줄어들게 된다.

우리는 판사에게 최초 피고가 체포된 사유를 알 수 있는지 질문

했고, 판사가 그 정보를 줄 수 없다고 했기 때문에 DNA 증거가 진정 유의한지는 알기 어려웠다.

이러한 조건부 확률이 검찰의 오류와 피고의 오류로 알려진 두 가지 수학적 오해의 핵심이다.

'검사의 오류'라는 용어는 1987년 두 명의 미국 심리학자들이 만들었지만, 1999년 영국에서 일어난 매우 악명 높은 샐리 클락의 사건과 관련이 있다. 샐리 클락은 만 2세와 3개월에 사망한 두 자녀를 살해한 혐의를 받고 있었다. 피고는 두 자녀의 사망이 영유아 돌연사 증후군(SIDS)라고 주장했으나, 검찰은 한 가족에서 두 아이가 SIDS로 사망할 확률이 희박하다고 증언한 전문가를 증인으로 제시했다.

그의 증언에 따르면 알려진 위험요소가 없는 상태에서 아이 하나가 SIDS로 사망할 확률은 약 8,543분의 1이므로 두 번 연속 사망할 가능성은 (1/8,543)×(1/8,543)로 약 7,300만분의 1이다. 전문가는 영국의 두 자녀 가정의 수를 고려했을 때, 100년에 한 번 정도 이런 일이 우연의 결과로 일어날 수 있다고 증언했다.

그것이 그의 첫 번째 실수였다. 두 사건이 독립적인 경우 그 두 사건이 모두 일어날 확률은 각 사건의 확률을 곱한 값이지만, 연구 결과에 따르면 SIDS의 발생에는 유전이 영향을 미친다는 사실이 이미 제시되었기 때문에, 이미 한 번 SIDS가 발생한 가족에서는 SIDS가 발생할 확률이 올라가는 것이다. 실제로 같은 가족에서 SIDS가 두 번 발생할 확률은 7,300만분의 1보다 훨씬 높았다. 100년에 한 번 우연히 발생하는 것이 아니라 약 18개월에 한 번씩 발생하는 것으로 계산되었다.

하지만 그의 두 번째 실수는 훨씬 더 심각했다. 판사는 샐리 클락이 결백하다고 할 때 두 자녀가 모두 SIDS로 사망할 확률이 7,300만분의 1이지만, 두 자녀가 모두 SIDS로 사망했을 때 샐리 클락이 결백할 확률은 그것보다 훨씬 높다는 점을 고려해야 했다. 샐리 클락의 항소에서 한 증인이 지적한 것처럼 모든 이중 영아 사망 사건을 살펴보면, 약 3분의 1이 SIDS로 사망하고 3분의 1이 다른 희귀한 의학적 원인으로 사망하고 나머지 3분의 1만이 아동 학대의 결과로 발생한다. 그 간단한 통계를 통해 샐리 클락이 무죄일 가능성이 7,300만분의 1이 아니라 3분의 2에 가깝다는 것을 알 수 있다. 실제로 어머니가 유아를 살해하는 사건이 드물어서 원래 재판에서 제시된 것과 유사한 방법을 사용하면, 어머니가 두 자녀를 살해할 확률은 21억 5,200만분의 1에 가깝다.

판사가 여전히 사건의 통계를 제대로 이해하지 못했기 때문에 패배한 샐리 클락은 두 번째 항소에서 승소했지만, 그것은 통계적 방법을 통해서가 아니라 피고 측이 관련 의료 증거를 제시했기 때문이었다.

B가 주어졌을 때 A가 발생할 확률인 $P(A|B)$가 그 반대의 경우인 $P(B|A)$와 같다고 생각하는 이 기본적인 오류는 변호인에게서도 발견할 수 있었다. 예를 들어, 피고의 DNA가 범죄 현장의 DNA와 일치하고 그러한 일치 가능성이 1,000만분의 1로 계산된다면, 변호인은 전 세계 인구가 75억 명이므로 DNA가 일치하는 사람이 750명이 존재할 것이라고 반박할 수 있다. 그들 모두 범행 현장과 일치하는 DNA

를 가지기 때문에 피고가 범죄자일 가능성은 750분의 1에 불과하다.

　이 모든 것의 기본이 되는 아이디어는 '통계'라는 용어가 정립되기 이전부터 영국의 통계학자이자 철학자이자 장로교 목사인 토머스 베이즈의 이름을 딴 베이즈 정리에 기반한다(『옥스퍼드 영어 사전』에 따르면 통계라는 단어는 1770년에 처음 사용되었다). 베이즈의 정리는 다음과 같다:

$$P(A|B) = \frac{P(B|A)P(A)}{P(B)}$$

　다르게 설명하자면 (B가 주어졌을 때 A의) 확률과 (A가 주어졌을 때 B의) 확률의 비는 A와 B의 확률의 비와 같다는 것이다.

$$\frac{P(A|B)}{P(B|A)} = \frac{P(A)}{P(B)}$$

　A와 B의 확률의 차이가 클수록 P(A|B)와 P(B|A)가 같다고 생각하는 실수가 더 잘 일어나게 된다.

베이즈 정리

이 정리는 수많은 통계적 오해를 낳았다. 전형적인 예로는 질병 검사가 있는데 1만 명 중 1명에게 영향을 미치는 것으로 알려진 질병이 있고, 그것을 99% 정확하게 진단하는 검사가 있다고 가정해보자. 양성 반응을 보이는 사람이 실제로 질병에 걸렸을 확률은 얼마일까?

100만 명을 테스트한다고 가정해보자. 그러면 우리는 그들 중 약 100명이 질병에 걸렸을 것으로 예상한다. 질병에 걸린 100명 중 양성 판정을 받은 사람은 99명이다. 하지만 질병에 걸리지 않은 99만 9,900명에서도 1%의 확률로 (잘못된) 양성 반응을 보이는 사람들이 9,999명이 나타나기 때문에 총 양성 검사 결과는 1만 98명이며, 그중 99명만이 실제 질병에 걸린 사람들이다. 즉, 양성 반응을 보이는 사람이 질병에 걸렸을 확률은 99/10,098로 1% 미만이다.

여기에서 우리가 관심을 두는 것은 조건부 확률이다. B가 주어졌을 때 A가 일어날 확률, 또는 통계학자가 표현한 P(A|B)를 P(B|A)와 연관시키는 것이 베이즈 정리의 모든 것이다.

$$P(A|B) = \frac{P(B|A)P(A)}{P(B)}$$

이 정리가 무엇을 제시하는지 확인하고 증명하는 가장 간단한 방법은, 벤 다이어그램이라는 도표를 사용하는 것이다.

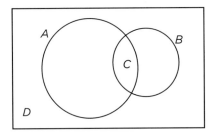

사각형 D는 전체 집단을 나타내고, 원 A와 B는 우리가 관심을 두는 부분이고,

C는 A와 B 모두에 속하는 집단이다. A, B, C, D에 속한 사람의 숫자를 a, b, c, d라고 부르면 다음과 같다:

P(A) = a/d

P(B) = b/d

P(A|B) = c/b

P(B|A) = c/a

그렇다면 베이즈의 정리를 확인하는 것은 비교적 간단하다.

$$\frac{c}{b} = \frac{(c/a)(a/d)}{(b/d)}$$

하지만 이런 통계적 유의성에 대한 오해는 통계에 대해 일반적으로 이해하지 못해 발생하는 문제의 한 측면일 뿐이다. 아마도 더 많은 사람들이 어려워하는 부분은, 통계학자가 '유의'라는 단어를 사용하는 방식과 실제 세계에서 사용하는 방식이 달라 혼란스러운 부분일 것이다. 일반적일 때 두 그룹 사이의 아주 작은 차이는 무의미하지만 통계적·수학적으로는 유의할 수 있다는 것이다. 단순히 큰 표본만 있으면 얼마든지 유의한 차이를 만들 수 있다.

동전 던지기 예제를 다시 살펴보자. 동전을 20번 던져서 그 동전이 편향되었는지 판단하려면 앞면과 뒷면의 점수 차이가 15-5 이상이어야 한다. 즉, 15-5보다 가까운(10-10에서 14-6 사이의 점수) 점수들이 가능한 결괏값의 95%에 해당한다. 그러나 15-5는 앞면과 뒷면이 75%-25% 나뉜 것으로 매우 큰 차이다. 반면에 동전을 1만 번 던지면 95%의 신뢰구간은 4,900~5,100인데, 이는 49%~51%에 불과하다.

동전을 1만 번 던져서 앞면이 4,900번 나왔다고 할 때, 그것은 동전 던지기를 통해 무언가를 결정하려는 사람들에게는 별 의미가 없다. 하지만 4,900~5,100의 양면 차이는 통계적으로는 유의한 차이가 된다. 작은 표본으로 통계적으로 유의한 차이를 얻으려면 결과에 엄청난 차이가 있어야 하지만, 큰 표본의 경우 아주 작은 차이도 유의한 것으로 나타난다. 동전 던지기 실험의 맥락에서 지적한 것처럼 대부분의 설문조사와 실험은 통계적으로 유의미한 결과를 얻기 위해 가능한 한 큰 표본을 사용한다.

특히 성격 테스트 분야에서는 대규모 집단에서 얻은 결과를 사용해 개인에 관한 판단을 내린다. 이것은 표본 선택 과정에서 약간 나아진 결과를 만들어낼 수도 있지만, 본질적으로는 공정한 동전을 던지는 것보다 조금 나을 뿐이다. 편파적이고 편견에 기반한 결정을 지지하기 위해 충분히 큰 표본을 선택한 후, 남성과 여성, 백인과 흑인, 심지어 금발과 갈색 머리 사이에서 측정된 데이터 중 작지만 유의한 차이를 얻을 수 있다.

예를 들어, 한 연구에 따르면 금발 종업원은 평균적으로 갈색 머리 종업원보다 더 많은 팁을 받는다. 하지만 이것은 식당에서 종업원을 뽑을 때 금발머리만을 선택하는 합법적인 이유로 사용될 수 없다.

다른 한편으로는 일부 연구는 외향적인 사람이 내향적인 사람보다 투자관리자로서 더 잘 어울린다는 결론을 제시했다. 물론 외향적인 사람이 사회성이 더 좋거나 고객을 대하는 데 유리하기 때문일지도 모른다. 그러한 주장에 기반해 성격 검사 등을 사용해 원하는 목적에 더 잘 맞는 사람을 구할 수 있다. 하지만 머리 색에 따른 투자관리자의 실적 차이는 연구되지 않았다.

CHAPTER 8

인과관계

흔하게 발생하는 논리적 혼동

—

결과가 원인과 혼동되는 것만큼 위험한 오류는 없다.

- 프리드리히 니체, 『우상의 황혼(Twilight of the Idols)』, 1889

1997년 〈영국의학저널〉은 「섹스와 죽음: 서로 연관되어 있는가?」라는 논문을 출판했다. 이 논문은 웨일스의 카필리와 그 주변 마을의 45~59세 남성 1,000명을 대상으로 연구를 진행했다. 응답자들에게 오르가슴을 얼마나 자주 겪었는지 물었고 10년 후 데이터를 분석해 오르가슴의 비율이 질병 유병률에 어떤 영향을 미쳤는지 확인했다.

오르가슴 빈도가 낮은 남성보다 높은 남성의 사망률이 50% 낮은 것으로 밝혀졌고, 그것에 기반해 '성행위가 남성의 건강을 지키는 효과가 있는 것 같다'라고 결론지었다.

이 논문은 장난스럽고 유머러스한 이야기를 담는 것으로 유명한

〈영국의학저널〉의 크리스마스 호에 게재되었음에도 불구하고, '섹스가 당신의 건강에 좋은 영향을 미칠지도 모른다'라는 생각은 언론에서 매우 잘 팔려나갔고, 그 이후 유사한 메시지를 홍보하는 기사와 책이 자주 등장했다.

1999년 한 저자는 자주 성관계를 가지면 10년 더 젊어 보일 수 있다고 주장했지만, 2000년에는 일주일에 최소 두 번 성관계를 하는 것이 생물학적 나이를 1.6세 더 젊게 만들 수 있다는 인상적이고 과장된 연구가 나왔다(그런데 16세기 개신교의 창시자인 마틴 루터는 일주일에 세 번 이상 성관계를 맺는 것은 죄악이지만, 두 번 미만은 하나님이 주신 출산의 의무를 충분히 따르지 않은 것이라고 조언했다).

여기에서 확인된 것은 성관계 빈도와 장수 사이의 상관관계이지만, 일반적으로 상관관계가 있다는 것을 사실로 받아들이더라도 그것을 해석하는 것은 우리가 생각하는 것만큼 명확하고 쉽지 않다.

상관관계

혈중 콜레스테롤 수치가 높으면 심장마비가 일어날 가능성이 더 커지는가? 키가 큰 남성이 키가 작은 남성보다 아름다운 여성과 결혼할 가능성이 더 큰가? 화석 연료를 태우면 대기 온도가 상승하는가? 돈이 행복으로 이어지는가?

통계학자들은 이러한 질문에 답하기 위해서 요인 중 하나를 다른 요인과 비교한 도표를 작성한다. 그런 다음 컴퓨터 마우스를 한 번 클릭해 매우 간단한 수학적 계산을 마치면 두 요인이 연결되어 있는지 아닌지뿐만 아니라, 어느 정도 연결되어 있는지도 알 수 있다. 이러한 계산 결과로 -1과 1 사이의 상관계수를 얻을 수 있다.

서로 완벽하게 관련된 두 요인은 (예를 들어, 두 요인이 같은 비율로 증가하거나 감소하는 경우) 1의 상관계수를 갖는다. 두 요인이 완벽하게 독립적이라면 0의 상관계수를 갖는다. 마지막으로 두 요인이 완전히 반대 방향으로 움직인다면 (하나가 증가하면 다른 하나는 같은 비율로 감소) -1의 상관계수를 갖는다.

사람의 몸무게와 키를 비교하면 0.4가 조금 넘는 상관계수를 얻을 수 있고, 신발 크기와 키는 0.9 이상의 상관계수를 갖는다.

소득과 행복을 연관 짓는 연구는 일반적으로 그 상관계수가 0.4 정도라는 결론에 도달했지만, 2000년대 초 미국의 한 연구에 따르면 연간 소득이 7만 달러 이상으로 증가하게 되면 소득이 더 오르더라도 행복 수준은 거의 변하지 않는 것으로 나타났다. 즉, 가난은 불행을 낳지만, 돈이 많다고 그만큼 행복한 것은 아니라고 할 수 있다.

마지막으로 1993년 <성관계 연구 저널>에 실린 연구는 '키와 발 크기는 음경 길이를 실제로 추정하는 데 도움이 되지 않는다'라고 결론 내렸다.

A와 B가 상관관계가 있을 때 다음의 네 가지 중 하나로 설명할 수 있다:

1. A가 (적어도 어느 정도) B를 유발한다.

2. B가 (적어도 어느 정도) A를 유발한다.

3. A와 B는 직접적인 인과관계가 있지는 않지만, C라는 변수가 A와 B를 유발하거나 A와 B가 C를 유발한다.

4. A와 B의 상관관계는 우연의 결과로 일어난 것이고, 실제로는 연관성이 없다.

성관계의 빈도와 장수가 관련이 있는 것으로 밝혀졌다고 하더라도, 성관계가 사람을 더 오래 살 수 있게 한다고 결론 내려서는 안 된다. 건강한 사람들이 건강하지 못한 사람들보다 더 성관계를 많이 가질 확률이 높지 않을까? 마찬가지로 성관계를 자주 가질수록 더 젊어 보이게 된다고 주장하는 대신, 더 젊어 보이는 사람들이 더 늙어 보이는 사람들보다 더 성공적으로 성관계 파트너를 찾게 된다는 결론을 내리는 것이 더 합리적이지 않을까?

원인과 결과에 대해 잘못 인식하는 것은 두 가지 형태로 나타난다. 인과관계의 방향성을 잘못 인식하거나 인과관계가 존재하지 않는데 존재한다고 믿게 될 수 있다. 두 경우 모두 미신이나 행운의 마스코트를 믿는 비합리적인 심리나 사이비 과학 등으로 이어질 수 있다. 가장 문제가 되는 것은 인간 두뇌의 가장 큰 기능 중 하나가 바로 그런 오류를 일으키는 핵심적인 원인이라는 것이다. 바로 패턴을 인식하고 개념을 형성하는 능력이다. 우리가 패턴을 발견하거나 발견했다고 생각하게 된 후에 문제가 일어난다.

위대한 철학자 칼 포퍼는 좋은 과학은 반증 가능성이라고 부르는 개념에 달려 있다고 주장했다. 진지하게 받아들일 가치가 있는 과학적 이론은 만약 그 이론이 틀렸다면, 그것을 실험을 통해 반증할 수 있는 방식으로 표현되어야 한다. 뉴턴의 중력 이론은 행성 운동에 대해 예측했고, 그것은 이후 옳은 것으로 판명되었다. 만약 관측 결과가 예측된 것과 달랐다면, 이 이론은 잘못된 것으로 증명되었을 것이다. 아인슈타인이 1915년에 발표한 일반상대성 이론에 따르면 큰 질량이 빛을 구부릴 수 있다고 예측되었고, 그는 4년을 기다려 1919년 일식을 관찰해 자신의 예측을 확증했다. 아인슈타인이 계산한 대로 태양의 질량이 먼 별에서 온 빛을 구부리는 것이 확인되었다. 최근에는 상대적으로 새로운 유전학과 DNA 해독 기술을 통해 다윈 자신은 꿈도 꾸지 못했던 방식으로 다윈의 진화 이론이 뒷받침되었다.

과학적 이론은 그것을 뒷받침하기 위해 수많은 증거가 수집되더라도 절대 증명되지는 않는다. 포퍼가 지적한 것처럼 과학적 이론은 그것이 틀렸을 때 반증될 수 있어야만 과학적 가치를 가진다. 과학자 대부분을 포함한 사람들은 본질적으로 포퍼처럼 생각하지 못한다. 사람은 아이디어를 얻게 되면 그것이 틀렸다는 사례를 찾기보다는, 그것을 증명하는 사례를 찾고자 한다. 때때로 더 나아가서 자신의 아이디어를 반증하는 사례를 무시하기도 한다. 이래즈머스 다윈은 1859년에 『종의 기원』을 읽은 후 찰스 다윈에게 보내는 편지에 다음과 같이 썼다. '(종의 기원의 결과에 대해) 선험적으로 추론해본 결과가 너무나도 한결같이 만족스러우므로, 만약 현실이 이론에 맞지 않는다면 왜 이론에 맞지 않느냐고 현실을 비판할 정도다.' 여러 증거를 볼 때 우리는 이래즈머스 다윈처럼 우리의 생각을 뒷받침하지 않는 불편한 현실을 무시하고 싶어 하는 경향을 보인다.

포퍼의 주장에 따라서 가설을 만든 뒤에는 그것을 확인하기 위해 자료를 수집하거나 실험을 수행해야 한다. 만약 어떤 사람이 사다리 아래를 걷는 것이 불운을 가져온다고 생각한다면, 그것에 대한 합리적인 접근 방식은 사다리 아래를 걷거나 걷지 않은 사례들을 모아 실제로 사고가 발생했는지를 확인하는 것이다. 간단한 계산을 통해서 우리는 사다리 아래를 걷는 것이 운과 상관관계가 있는지 확인해 볼 수 있다. 하지만 사다리 아래로 걷는 것을 무서워하는 사람들은 과거 의식적·무의식적으로 사다리 아래를 걸었지만 사고가 나지 않았던 것은 기억하지 못하고 사고가 났던 것만 기억해 그런 미신을 가지게 되었을 가능성이 크다.

마찬가지로 네 잎 클로버를 찾은 뒤 좋은 일이 발생했던 것은 기억하지만, 세 잎 클로버를 찾은 뒤 좋은 일이 일어나는 것은 관심을 두지 않기 때문에 기억하지 못할 것이다. 내가 아는 한 사다리 밑을 지나면서 네 잎 클로버를 찾으면 운이 나쁜지 좋은지에 대한 연구는 없다. 내 예상에 따르면 행운과 불운이 상쇄될 것 같지만, 그것을 확인하기 위해서는 추가적인 실험이 반드시 필요할 것이다.

심리학자인 피터 웨이슨은 1960년 매우 간단한 실험에서 일종의 비-포퍼식 비합리성을 입증했고, 이후 이것은 '확증편향'이라고 이름 지어졌다.

웨이슨은 '총명한 젊은 청년들'이라고 부른 29명의 심리학 학부생 그룹에, 세 숫자로 구성된 숫자 묶음들을 제시하면서 그 숫자들이 따르거나 따르지 않는 규칙을 확인하는 작업을 수행하도록 했다. 실험에 참여한 학생들은 규칙을 따른다고 밝힌 세 개의 숫자 묶음들을 받았으며, 이후 같은 규칙을 따르는 다른 세 개의 숫자들을 제시하도록 해서 이들이 규칙을 식별할 수 있는지 확인했다. 시간제한은 없었지만, 참가자들은 가능한 한 적은 숫자 묶음을 사용해 규칙을 찾도록 권장받았다. '당신의 목표는 단순히 규칙을 따르는 숫자를 찾는 것이 아니라 규칙 자체를 발견하는 것임을 기억하시오'라는 말과 함께, 참가자들에게 자신이 찾은 규칙이 무엇인지 매우 확신할 수 있을 때 그 규칙을 적도록 요청했다. 처음 주어진 세 숫자 묶음은 (2, 4, 6)이었다.

지적인 것으로 표현되었던 29명의 학생 대부분은 제시된 규칙이 '3개의 연속된 짝수'라고 즉각 생각했지만, 그들 중 자신의 생각에 반대되는 증거를 찾기 위해 적절하게 포퍼식 사고방식을 응용한 사람은 거의 없었다. 대신 그들 대부분은 이 규칙을 확인하기 위해 증거를 찾았다. 일부는 (6, 8, 10) 또는 (10, 12, 14) 같은 숫자들이 규칙을 따른다는 것을 확인하자, 바로 자신들의 생각이 맞았다고 결론지었다. 하지만 이 규칙에 대해 확신하기 위해서는 홀수에도 적용되는지(3, 5, 7), 다른 간격의 짝수에도 적용되는지(2, 4, 28), 또는 작아지는 순서의 숫자들에도 적용되는지(6, 4, 2) 등 여러 가지를 확인해야 한다. (2, 4, 6)에는 많은 잠재적인 규칙들이 존재하지만 웨이슨이 염

두에 둔 실제 규칙은 '순서대로 증가하는 3개의 양의 정수'였다.

29명의 참가자 중 6명이 첫 시도에서 정답을 맞혔다. 한 명은 완전히 포기했고 22명은 오답을 제시했다. 이후 계속해서 시도해보도록 권유했을 때, 이 중 10명은 두 번째 시도에서 정답을 찾았고 3명은 포기했으며 9명은 또다시 오답을 제시했다. 다음번에는 9명 중 4명이 맞았고 3명이 포기했으며 2명은 틀렸다. 여전히 틀린 두 사람은 네 번째 시도로 설욕하고자 했으나 둘 다 다시 오답을 낸 뒤 한 명은 포기했으며 마지막 남은 학생은 마침내 5번째 시도에서 정답을 찾았다.

심리학을 공부하는 학생들조차도 모두 외골수처럼 잘못된 생각을 추구하는 경향을 보이는 것을 볼 때, 미신과 거짓 신념이 항간에 계속 유지되는 것은 놀라운 일이 아닌 것 같다. 사람들이 딸꾹질이나 일반 감기를 치료한다고 믿는 것들을 살펴보라. 일반적으로 감기를 적절하게 치료하면 최대 7일 이내에 낫지만, 치료하지 않고 내버려두면 7일까지 지속할 수 있다고 한다. 만약 감기에 걸린 사람이 7일째에 회복했다면, 그 7일 중 6일에 한 치료 행위가 감기를 치료했다고 믿는 것은 자연스러운 인간의 행동이다. 그 후 다시 감기에 걸리게 되면 또 그 방법으로 치료하게 되고 감기가 낫게 된다. 이 과정을 반복할수록 치료법의 효능에 대한 믿음이 증가한다. 칼 포퍼는 분명히 다른 방법을 시도해서 자신의 생각이 틀렸는지 확인하길 권장했지만, 사람 대부분은 그것을 고려하는 것조차 너무 위험하다고 생각하는지도 모른다.

문제는 세 부분으로 이루어져 있다.

1. 우리는 먼 과거의 사건보다 최근의 사건을 더 중요하게 생각한다.
2. 우리는 하나의 표본을 믿기 때문에, 효과가 있는 것처럼 보이는 과거의 방법을 변경하는 것을 꺼린다.
3. 위의 두 가지가 잘못된 생각을 더욱 강화하는 확증편향으로 이어진다.

우리는 패턴을 인식하는 데 아주 놀라운 재능을 가지고 있으므로, 어떤 명백해 보이는 연관성을 발견하게 되면 우연일 수도 있는 것에 인과관계를 부여한다. 그러나 우리의 직감에 따른 생각에 기초해서 인과관계를 평가해서는 안 된다.

1990년대 초에 이것에 대해 특히 놀라운 예시가 발생했다. 바로 실리콘 유방 보형물과 결합조직질환 사이의 인과적 연관성을 분명하게 암시하는 증거가 점점 더 많이 발견된 것이다. 유방 보형물을 넣은 여성들이 점점 더 많이 질병으로 고통받는 것으로 나타났다. 보형물이 질병의 원인으로 의심받게 되면서 이 두 가지를 연관 짓는 신문 기사가 더 많이 등장했고, 여성 환자들이 모여 보형물 제작업체에 대규모 집단 소송을 제기했다. 이후 이 보형물은 미국에서 금지되었다. 법원은 배상 판결을 내렸고 해당 회사는 대규모의 합의로 파산 신청을 하게 된다. 얼마 후 객관적인 의학 연구와 적절한 통계 분석을 통해 유방 보형물이 질병의 발병에 아무런 영향을 미치지 않는다는 결론이 나왔다. 보형물 수술을 받은 많은 여성이 결합조직질환에 걸렸지만, 수술을 받지 않은 여성들도 비슷한 비율로 질병에 걸렸고, 또 반대로 보형물 수술을 받은 여성 중 결합조직에 문제가 없었던 비율은, 보형물 수술을 받지 않은 여성 중 질병에 걸리지 않았던 비율과 차이가 없었다.

질병에 걸린 사람들만 보고 그중 많은 사람이 보형물을 넣었다는 사실을 발견하는 것만으로는, 인과관계를 확립하기에 충분하지 않다. 적어도 보형물을 넣은 후 질병이 발생할 확률이 넣지 않았을 때의 확률보다 더 크다는 사실을 알아야 한다고 하지만 연구 결과는 그런 인과관계를 뒷받침하지 않았다.

어떤 두 사건 간에 진정한 상관관계가 있을 때도 반드시 인과관계가 존재한다고 믿는 것은 매우 잘못된 것이다. 예를 들어, 한 국가가 받은 노벨상의 수는 초콜릿 소비와 큰 상관관계가 있는 것으로 나타났다. 하지만 이것이 초콜릿을 먹으면 노벨상을 받을 확률이 높아진다는 것을 뜻하지는 않는다.

2012년 〈뉴잉글랜드 의학저널〉은 「초콜릿 섭취, 인지 기능과 노벨상 수상자」라는 유쾌한 제목의 프란즈 메설리 의학 박사의 논문을 게재했다. 그 논문에는 여러 국가의 인구 100만 명당 노벨상 수상자 수와 연간 1인당 초콜릿 소비량을 나타내는 그래프가 포함되어 있었다. 시각적인 효과를 위해 그래프의 점은 해당 국가의 국기를 작게 만들어 표시했다. 거의 모든 깃발은 중국(100만 명당 0.005개의 노벨상, 연간 1인당 0.08kg 초콜릿 소비)에서 스위스(100만 명당 3.3개의 노벨상, 연간 10.2kg 초콜릿 소비) 사이의 직선에 매우 가까운 위치에 놓여 있었다. 즉, 매우 강한 양의 상관관계를 보여준다.

메설리는 '유일한 이상치는 스웨덴인 것으로 보인다'라고 말하며 '1인당 초콜릿 소비량이 6.4kg인 것을 고려할 때, 스웨덴은 총 14명의 노벨상 수상자를 배출했을 것으로 예상되지만 실제로는 32명을 배출했다. 이 경우 관찰된 수가 예상 수치를 두 배 이상 넘기 때문에 어쩌면 스톡홀름의 노벨위원회가 자국을 편애해 공평하지 않았거나, 스웨덴 사람들이 초콜릿에 특히 민감해서 아주 적은 양으로도 인지 능력을 크게 향상하는 능력을 갖추고 있다는 결론에 다다르게 된다'라고 평했다.

그는 이 결과를 인지 기능을 향상시키는 것으로 밝혀진 식이 플라보노이드가 원인이라고 하며, 플라바놀이라고 하는 플라보노이드의 하위 부류가 코코아에 많이 함유되어 있다고 지적한다.

어쩌면 초콜릿 섭취-노벨상 수상 연구에 대해 가장 놀라운 점은 어떤 사람들이 이것을 진지하게 받아들여서, 그 결과에 대한 대안적인(대안적이지만 덜 재밌는) 논문을 썼다는 점이다. 이들 중 가장 완전하고 분명한 논문은 초콜릿 소비 대신에 인구 100만 명당 이케아 개수가 더 큰 연관성을 가지고 있으며, 노벨상과 초콜릿 소비가 1인당 국민총생산(GNP)과 관련되어 있다고 지적했다.

그들이 메설리의 유머를 조금이라도 공유했다는 점을 보여주기 위해 어떤 저자는 초콜릿-이케아의 상관관계를 통해, 초콜릿을 섭취하면 인지 능력이 증가하고 그것은 이케아의 가구 조립 설명서를 이해하고 시행하는 능력과 연관되어 있을 수도 있지만, 그러할 가능성은 적다고 제시했다.

물론 어떤 나라의 연구진이 노벨상을 수상할 때마다 그 수상자는 친구와 대학 동료들에게 더 많은 초콜릿을 축하 선물로 받을 수도 있다. 메설리의 플라바놀 이론에서는 초콜릿을 먹는 것이 원인이 되어 노벨상 수상이라는 결과가 일어나는 것이지만, 축하 초콜릿 이론은 그 반대 방향의 인과관계를 제시한다.

물론 국가의 경제력과 같은 세 번째 요소가 노벨상 수상과 초콜릿 소비 모두에 영향을 미칠 가능성이 크다. 부유한 국가가 노벨상을 더 많이 받고 초콜릿을 더 많이 먹는다.

확증적 편견의 현상은 매우 인간적인 것처럼 보이지만 매우 유사한 유형의 미신적 행동이 비둘기에서도 발견되었다. 1947년 유명한 행동 심리학자인 B.F. 스키너가 이를 입증하는 실험을 수행했고, 이후 다른 많은 연구자가 그것을 확인했다.

일정한 간격으로 먹이를 떨어뜨리는 기계와 함께 배고픈 비둘기를 밀폐된 공간에 넣는다. 이후 비둘기는 먹이가 떨어지는 간격 사이에 어떤 행동이 먹이를 가져오는 것과 연관되어 있다고 생각하게 되고, 복잡한 행동을 하는 것으로 나타났다. 종종 기계 앞에서 특정한 방향으로 수차례 뛰는 행동을 하는데, 한 차례 움직임이 끝나면 음식이 나오고 그러한 행동을 강화한다. 비둘기의 4분의 3은 실험이 끝나기 전에 자신만의 미신을 개발한다. 물론 다음 식사가 나오면서 그 미신에 대한 믿음이 정당화된다.

마찬가지로 엘리베이터에 들어가는 인간의 행동에서도 비합리적인 행동이 확인되었다. 엘리베이터는 많은 심리 실험을 수행하기에 이상적인 곳이다. 엘리베이터에 들어가서 원하는 층의 버튼을 누른 다음 문이 닫히고 엘리베이터가 움직이기 시작할 때까지 기다린다. 하지만 버튼을 누르고 난 시간부터 엘리베이터 문이 닫힐 때까지 약간의 지연이 발생하며, 엘리베이터가 움직이기 시작할 때까지 또 지연이 발생한다. 물론 비둘기의 춤처럼 정교하거나 예술적이지는 않지만, 많은 사람이 엘리베이터가 더 빨리 닫히고 빨리 작동하게 한다고 믿는 특정한 행동 양식을 개발한다. 어떤 이들은 같은 버튼을 여러 번 누르기도 하고, 또 어떤 이들은 버튼을 오래 누르면 엘리베이터가 빨리 작동한다고 생각한다. 또 다른 미신으로는 원하는 층의 버튼 아래를 누르면, 그 사이의 다른 층에 멈추지 않고 바로 원하는 층으로 직행한다고 믿는 경우도 나타난다.

먹이를 기다리는 비둘기처럼 엘리베이터에 탑승하는 인간은, 성급한 마음에 어떠한 행동을 수행하고 원하는 결과가 발생하면 그 두 가지를 연결한다. 그래서 다음번에 그 행동을 반복하고 그런 연관성에 대한 믿음이 매번 강화된다.

엘리베이터의 문을 닫는 것으로 추정되는 또 다른 버튼의 존재를 믿는 흥미로운 미신의 역사가 있다. 1990년 미국 장애인법이 통과되었을 때 장애인 승객이 엘리베이터에 탈 수 있는 시간을 주기 위해, 엘리베이터 문이 최소 3초 이상 완전히 열려 있어야 했고, 닫힘 버튼들은 비판을 받았다. 법규 개정을 통해 엘리베이터 닫힘 버튼은 즉각 비활성화되었으며, 엘리베이터 대부분에는 닫힘 버튼이 작동하지 않았다. 하지만 일부 심리학자들은 비활성화된 닫힘 버튼이 자신들이 엘리베이터의 통제권을 가지고 있다는 환상을 주는 위약 역할을 한다고 주장한다. 그러나 영국 승강기의 경우, 닫힘 버튼이 보통 작동하기 때문에 이 위약 효과는 존재하지 않는다.

역사가 매우 길고 지독하게도 끈질긴 환상적 상관관계의 예로는, 보름달이 인간의 행동에 미치는 영향이 있다. 13세기부터 쓰인 'lunatic(미치광이)'과 16세기부터 쓰인 'lunacy(정신병)'는 모두 달을 뜻하는 라틴어인 Luna에서 기원한 단어들이고, 달의 위상변화에 따라 반복되는 정신이상 현상을 나타내기 위해 사용되었다.

공포 영화 애호가들이라면 다 알 듯이 늑대인간에게 물린 사람은 보름달에 늑대로 변할 가능성이 있다. 그러나 그러한 영화가 있기도 훨씬 이전에 이미 여러 작가가 문학작품을 통해, 달이 인간의 행동에 영향을 미치는 이야기들을 적었다. 셰익스피어의 『오셀로』에서 주인공 오셀로는 데스데모나를 살해한 이유가 달 때문이라고 원망한다. '이것은 진정 달의 탓이다. 평소보다 지구에 더 가깝게 다가온 달이 사람을 미치게 만든다.'

1753년 판사이자 정치가인 윌리엄 블랙스톤 경은 영국 법에 관한 주석에서 미치광이와 바보를 분명하게 구분했다. '광인 또는 정신적으로 정상이 아닌 사람은 이해력이 있지만, 질병, 슬픔 또는 기타 사고로 인해 이성을 잃은 사람이다. 미치광이는 실제로 명료한 이성을 가지는 기간이 반복되는 사람으로 때로는 이성이 돌아오지만, 때로는 아니며 그것은 보통 달의 변화에 따라 그러한 경향을 띤다.'

이런 믿음은 훨씬 더 오래전으로 거슬러 올라간다. 플리니우스와

아리스토텔레스는 사람의 뇌가 몸에서 가장 수분이 많은 부위라고 보았기 때문에, 달이 조수에 미치는 영향과 비슷한 영향을 사람에게도 미친다고 생각했다. 현대 과학 시대에 와서야 달이 사람의 뇌에 미치는 중력 효과가 그 사람의 팔에 앉은 모기의 영향보다도 작다는 것이 밝혀졌음에도 불구하고, 어떤 이들은 여전히 달의 광기가 사람에게 영향을 미쳤을 가능성을 조사했다.

바람직하지 않은 행동 대부분이 보름달이 뜬 날에 더 자주 발생한다는 견해를 뒷받침하는 수십 개의 연구가 발표되었다. 1978년 미국의 심리학자 데이비드 E. 캠벨과 존 L. 비츠는 정신병원 입원, 자살, 살인을 포함해 달의 위상변화가 행동 유형과 관련되어 있다고 밝힌 여러 초기 논문들을 검토해, 「달과 성신병」이라는 논문을 발표하면서 추가 조사를 한 결과 그러한 주장이 지속된 경우는 거의 없다고 지적했다. 그들은 '달의 위상변화는 인간의 행동과 관련이 없다'라고 결론 내리면서 이 결과를 통해 달의 가설을 추가로 연구할 필요가 없음을 설파했다.

당연히 이후의 연구자들은 그 권고를 듣지 않았다. 불과 7년 후 플로리다 국제 대학의 심리학자 제임스 로튼과 서스캐처원 대학의 이반 켈리는 더 자세한 후속 보고서를 발표할 필요가 있다고 보고, 달의 이론을 지지한 19개의 연구와 세 권의 책을 추가로 분석해 이전 논문을 업데이트한 「보름달 이론에 관해: 달과-정신병 연구의 메타 분석」을 발표했다(이 이론을 싫어하는 이들은 보름달 이론 대신 '트란실바니아 효과'라고 부른다).

그들의 연구는 총 37건의 연구에서 데이터를 모아 메타 분석한 것에 기반하며 그중 많은 연구는 작은 표본을 사용했다. '정신병원 입원, 정신 장애, 살인, 기타 범죄 행위를 포함한' 다양한 종류의 행위가 달의 위상변화에 연결이 있는지 확인하기 위해 집계된 수치에 통계 검정을 적용했다. 통계적으로 유의한 몇 가지 효과가 실제 발견되었지만, '추정에 따르면 달의 위상변화가 일반적으로 미치광이라고 불리는 활동의 변동 중 1% 미만을 설명하는 것으로 나타났다.'

로튼과 켈리는 '165명의 학부생 중 81명(49%)이 보름달이 되었을 때 어떤 사람들이 이상하게 행동한다고 믿는다'라는 설문조사의 결과를 언급했다. 또한, 그들은 1973년에 정신병원에서 근무하는 간호사들을 대상으로 한 설문조사를 언급하면서, 그들 중 74%가 달이 정신질환에 영향을 미친다고 믿고 있다고 보고했다.

그들은 이런 검토 연구는 더 많은 추가 연구가 필요하다는 말로 끝나는 것이 일반적인 관행이지만, 우리는 이 전통을 깨뜨릴 것이라고 말했다. 달에 대한 이런 소동이 끝나야 하며 이제는 달의 광기에 대해 듣고 싶지 않다는 자신들의 희망을 표현했다.

그렇지만 늑대인간은 죽이기 어려운 것으로 악명이 높으며, 선한 과학이 보름달이 초래한 잠재적인 악에 대한 믿음에 맞서 계속 투쟁하고 있다. 그러나 최신 연구 중 하나는 놀랍게도 다른 효과를 주장한다.

2018년 〈영국의학저널〉은 「살인 사건의 음력 주기: 핀란드 인구에 기반한 시계열 분석」을 게재했다. 핀란드 오울루 대학의 보건학 교수인 시모 나야는 1961년부터 2014년까지 핀란드에서 발생한 정확한 날짜를 확인할 수 있는 6,808건의 살인 사건을 통해, 8개의 달의 위상변화에 따른 살인 사건의 숫자를 분석했다. 이전 연구는 보름달에 일반적으로 더 많은 범죄가 발생한다고 제시했지만, 나야의 연구는 핀란드에서 다른 달이 뜰 때보다 보름달이 뜰 때 살인이 덜 발생했다는 놀라운 결과를 제시했다.

그는 '보름달 동안 살인이 감소한 이유는 쉽게 설명되지 않는다'라고 인정한다:

어떤 이는 보름달이 잠재적인 광증 환자들이 범죄 행위를 저지르지 못하게 하는 미신적인 의미가 있을지도 모른다고 추측할 수 있다. …… 피해자의 행동 또한 역할을 할 수 있는데, 잠재적인 범죄의 피해자들이 보름달을 보고 불행한 일이 일어날 수 있다고 생각해 자신을 특별히 더 보호하기 위해 행동했는지도 모른다.

또한, 그는 살인의 감소가 '사냥감이 포식자로부터 자신을 숨기기 위해 달빛이 밝을 때는 활동을 억제하는 동물적 본능의 잔재' 때문일지도 모르며, 달빛이 밝을 때 잠재적 범죄자를 더 감지하는 데 유리하기 때문이 아닐까 하는 가설을 제시했다.

이전 연구들이 보름달일 때 범죄가 증가했다고 주장한 것처럼 (달빛이 더 밝을수록 범죄 기회가 더 많아지므로), 잠재적인 살인자들이 다른 범죄를 저지르느라 살인을 저지를 수 없는 상태라고 생각할 수도 있다. 또는 그들이 늑대인간으로 변한 뒤 달빛 아래에서 울부짖느라 너무 바빴는지도 모른다. 이 문제에 관한 추가 연구는 절대로 필요하지 않다고 강력하게 선언한다.

달이 사람을 미치게 만드는 영향은 미신을 잘 믿는 사람들뿐만 아니라, 이런 것을 더 잘 알아야 하는 과학자나 다른 학자들에게 영향을 미치는 확증편향의 한 사례라고 할 수 있다. 2005년 그리스계 미국인이자 의사인 존 이오아니디스는 〈PLOS〉 저널에 「왜 대부분의 출판된 연구 결과들은 가짜인가」라는 도발적인 제목으로 논란의 여지가 있는 유쾌한 논문을 발표했다. 그는 여러 요소가 제목과 같은 효과를 만들어낸다는 주장을 몇 가지 통계적 계산으로 뒷받침했다.

첫째이자 아마도 가장 중요한 것은 연구 방향에 영향을 미치는 편견의 특성이다. 과학 실험은 가설에서 시작하는 경향이 있으며, 과학자들은 그런 부분에서 직관이 올바를 가능성이 크다고 생각한다. 따라서 결과가 예측을 뒷받침하는 경우, 방법론에 의문을 제기하지 않고 그렇지 않으면 종종 약간 변경된 조건에서 실험을 반복한다. 더욱이 과학 저널의 편집자들은 그것이 정확하지 않을 수 있다고 제안하는 것보다, 기대되는 결과를 확인하는 논문을 출판할 가능성이 훨씬 더 크다. 연구원의 설계와 편집자의 선택은 모두 확증편향을 보여준다.

또한, 여기에 여러 연구 그룹이 본질적으로 동일한 실험을 수행하고 있을지도 모르며, 그중 많은 경우에는 결과가 절대적으로 설득력을 가지고 여러 통계 기법을 적용하기에는 표본 크기가 너무 작다는 점을 지적했다. 즉, 우연의 결과로 발생했을 수 있는 많은 결과가 제출되어 출판되었을 가능성이 있다는 것이다. 따라서 발표된 많은 결과가 이후의 실험에서 재현되지 않는 것은 놀라운 일이 아니다. 이오아니디스는 다음과 같이 표현한다. '현재 많은 과학 분야에서 주장된 연구 결과 중 일부는 만연한 편견을 정확하게 측정한 것이다.'

당연히 이오아니디스의 논문은 자신의 논문을 뒷받침하기 위해 사용한 내용 대부분 또한 확증편향의 결과라고 주장한 여러 연구자의 분노에 맞부딪혔다. 하지만 가장 비판적인 사람조차도 그의 주장에 어느 정도 일리가 있다는 점에 동의했다.

일반적인 허위 상관(spurious correlations)의 주제를 다룰 때 검증을 충분히 많이 수행하면, 일부가(보통 $p < 0.05$ 기준을 사용할 때, 20분의 1의 경우에) 통계적으로 유의한 것으로 판명된다는 점을 언급해야 한다. 하버드 법대생인 타일러 비젠은 완전히 관련이 없는 모든 종류의 데이터에서 상관관계를 찾는 컴퓨터 프로그램을 만들었고, 자신의 저서인 『허위 상관(spurious correlations)』에 가장 놀라운 결과들을 수록했다. 다음은 잠정적인 결론과 함께 내가 가장 좋아하는 몇 가지 예를 가져왔다.

2000년부터 2009년까지 미국의 1인당 치즈 소비량은, 침대 시트에 얽혀 사망한 사람들의 수와 매우 높은 상관관계가 있다.

결론: 치즈를 먹으면 악몽을 꾸어 경련을 일으키다가 침대 시트에 얽혀 사망하게 된다.

2000년부터 2009년까지 메인주의 이혼율은 미국의 1인당 마가린 소비량과 거의 완벽한 상관관계가 있다.

결론: 버터를 먹는 부부는 이혼하지 않는다.

미국에서 벌집을 생산하는 벌 농가의 수는 1990년부터 2009년까지 마리화나 소지로 인한 청소년의 체포 수와 음의 상관관계가 있다.

결론: 아이들에게 꿀을 먹이면 마약을 하지 않는다.

CHAPTER 9

백분율과 오용되는 수학

더 자연스러운 실수들

—

먼지와 기름과 때를 100%까지 제거합니다.

– 청소용 세제 병에 쓰인 문구

광고주와 정치인들이 잘 알고 있듯이 백분율만큼 미묘하고 오해하기 쉬운 것은 없다. 물론 청소용품은 '먼지를 100%까지' 제거한다. 당연히 100% 이상은 제거할 수 없으며 몇 퍼센트를 제거하든지 '100%까지 제거한다'에 포함된다.

작은 숫자를 크게 보이게 하려면 백분율로 표시하는 것이 좋다. 13명의 영국 총리가 옥스퍼드에 있는 크라이스트 처치 대학을 졸업했다고 말하는 것보다, 월폴 이후 23%의 총리가 크라이스트 처치 대학에서 공부했다고 보고하는 게 더 인상적으로 보인다.

작은 비율을 크게 보이게 하려면 숫자로 표현하는 것이 좋다. 간호사 수를 1.6% 늘릴 계획이라고 발표하는 것보다, 매년 5,000명의 간호사를 추가로 모집할 계획이라고 발표하는 것이 낫다.

반면에 작은 수의 사람에 대한 정보는 백분율보다 개인적으로 더 큰 영향을 미친다. 2018년 영국의 도로에서 차 사고로 사망한 사람은 1,784명이라는 보고서는, 매 4.9시간마다 한 사람이 교통사고로 사망한다는 말보다 덜 인상적이다. 4.9시간은 점심과 저녁 사이의 시간보다도 짧고, 그 한 사람이 나일 수도 있으므로 더 크게 다가온다. 이오시프 스탈린의 유명한 말처럼 '한 명의 죽음은 비극이지만 백만 명의 죽음은 통계다.'

백분율은 작은 표본 크기를 숨기는 좋은 방법이다. 한 화장품 회사가 TV 광고에서 여성의 71%가 자사의 제품이 셀룰라이트를 눈에 띄게 감소시킨다는 사실을 발견했다고 선전하면, 그것을 보는 시청자들은 감명을 받을 것이다. 그러나 화면 하단의 작은 글씨를 보면 그 71%는, 48명의 표본 중에서 34명에 불과한 것으로 나타난다. 표본이 그렇게 작다는 것을 알았더라도 감명을 받았을까?

나는 어떤 크림을 사용한 여성의 93%가 피부가 더 부드러워졌다고 느끼고, 79%는 피부가 탱탱해졌다고 느낀 '임상 테스트'를 언급하는 광고를 보고 살짝 당황했다. 표본이 40명으로 추정되는데, 93%는 37명에 해당하는 92.5%를 반올림한 것이지만 79%는 설명하기 쉽지 않다. 32명이 정확히 80%이고 31명은 77.5%이기 때문에 79가 아닌 78로 반올림된다.

나는 종종 표본 크기를 볼 때 비슷한 방식으로 계산해 백분율이

의미가 있는지 확인하며, 그렇지 않은 경우를 찾는 것에 보람을 느낀다. ASA(광고표준위원회)는 이러한 문제에 대해 규제하지 않는다. 즉, 오해의 소지가 없는 한 표본 크기를 광고에 포함할 필요가 없다고 규정한다. ASA 지침에 따르면 '통계적으로 유의한 결과를 도출하기에 충분한 크기의 표본에 기반해 결과를 얻었다면, 표본 크기를 광고에 포함할 필요가 없다.' 위의 두 경우 모두 광고주가 표본 크기를 포함했다는 사실은, 표본 크기가 충분히 크지 않다는 것을 시사하고, 나 또한 그렇게 생각한다. 표본 크기가 아주 작을 뿐 아니라 그 표본이 어떻게 선택되었는지도 알 수 없다.

그러나 광고에서 백분율을 잘못 사용하는 것은 이보다 더 심각하다. 80% 이상의 치과 의사들이 추천하는 치약은 무엇을 뜻할까? 이 주장에 감명을 받지 못하는 건 이상하지 않다. ASA는 이 광고가 입증, 진실성, 증언과 의약품 보증에 관한 광고 표준위원회의 정책을 위반했다고 판결하고, 제작자에게 광고를 철회하도록 요구했다. 문제는 해당 치과 의사들에게 설문조사가 광고 캠페인에 사용되거나, 권장 사항이 의사의 보증으로 사용될 수 있다는 사실을 알리지 않았거나, 원하는 숫자만큼 치약을 선택하도록 질문을 구성해서 자신들의 치약이 들어갈 확률을 높였다는 점이다.

'진실성' 위반은 대부분 사람이 광고에 나온 문구가, 치과 의사의 80%가 다른 모든 치약보다 해당 치약을 추천한다는 것을 의미한다고 생각할 것이라는 ASA의 의견에 따라 결정되었다.

광고의 숫자를 해석하는 데 있어 가장 큰 문제가 무엇인지 이 사례를 통해 알 수 있다. 바로 설문조사나 기타 설문지에 대한 응답을 기반으로 한 광고를 볼 때, 질문이 어떻게 이루어졌는지는 정확히 알 수 없다는 점이다.

2019년 설문조사에서 46%의 사람들이 겨울 아침 식사로 죽을 가장 선호한다는 조사결과를 볼 때 어떻게 받아들여야 할까? 개인적으로 나는 추운 겨울 아침에 우유에 설탕과 블루베리를 넣고 익힌 죽 한 그릇에, 위스키와 꿀을 데워서 만든 퀵소스를 넣어 먹는 것보다 더 좋은 것이 없다고 생각한다. 하지만 인구의 절반에 가까운 사람들이 그것에 동의하리라 생각하지 않는다. 사실 겨울 아침 식사로 죽이 최고라고 생각하는 사람은 단 한 명도 생각이 나지 않는다.

설문조사에 참여한 사람들은 그들이 즐겼던 모든 아침 식사를 나열하도록 요청받았으며, 그중 46%가 죽을 포함했다. 그러나 죽이 다른 아침 식사보다 더 많이 언급되었을지라도, 전국의 46% 사람이 생각하는 최고의 아침 식사 메뉴가 되지는 않는다. 그리고 우리가 이 주제에서 보는 46%의 사람들은 정확하게 무엇을 의미할까? 영국인을 지칭한다고 가정하더라도 46%의 사람은 성인의 46%인지 아니면, 아침 식사를 하는 사람의 46%인지 물어봐야 한다. 영국 인구의 약 18%가 15세 미만이며 아이들은 죽을 좋아하지 않는 것으로 알려져 있다.

특정 비율의 사람들에 대한 언급이 있으면 그 사람들이 누구인지 물어봐야 한다. 전 국민을 지칭하는 것인지 아니면 특정 특성을 가진 사람에게만 한정되는 것인지. 설문조사의 경우 표본은 누구이며 그들이 대상 집단을 대표하는지 확인하기 위해 무엇을 했을까? 그들이 자발적으로 조사에 참여한 것인지, 또 그렇다면 그들이 평균적인 사람들을 대표한다고 믿을 이유가 있을까? 비율을 계산하기 전에 모른다고 답한 사람들과 응답하지 않는 항목들이 제외되었을까? 많은 사람이 응답하지 않으면 큰 오류가 생길 수 있다.

마지막으로 우리는 사람들이 설문지나 여론조사원에게 응답한 것을 믿을 수 있는지 생각해보아야 한다. 2017년 한 설문조사에 따르면 남성은 여성보다 회사의 크리스마스 파티에서 성관계를 가질 가능성이 30% 더 높다고 한다. 보고서는 분명히 남성 직장인이 여성 직장인보다 더 성적이라고 제시하지만, 실제로 그 수치가 말하는 것은 전혀 다르다.

한번 생각해보자. 우리가 이성애 관계로 한정해서 생각해본다면, 남성과 관련된 모든 성적 만남은 여성이 포함된다. 따라서 파티에 참석하는 남성과 여성의 수가 같고 남성이 여성보다 성관계를 가질 가능성이 30% 더 높다면, 평균적으로 여성은 적어도 1.3명의 남성과 성관계를 했다는 것을 의미한다(심지어 어떤 남성들이 다수의 여성과 관계를 갖는다고 가정하면 그 수치는 더 커질 수도 있다).

반면에 모든 사람이 파티에서 딱 한 사람만 만나고 남자가 여자보다 만날 확률이 30% 더 높다면, 파티에 남자보다 여자가 1.3배 더 많아야 한다.

이러한 설명 외에도 두 가지 다른 가능성이 있다. 일부 남성은 파티에서 동성애 관계를 형성할 수도 있고, 그 외에도 남성들은 성관계에 성공한 경우 그것을 과장하는 경향이 있다.

그러한 남성의 과장은 크리스마스 파티에 대한 보도에만 국한되지 않는다. 1990년대에 퀘벡의 한 조사에 따르면, 남성은 평균 10.8명의 성 파트너가 있지만 여성은 6.2명이 있다고 한다. 프랑스의 경우에는 남성은 10.1명 여성은 4.4명 미국은 11.5명과 5명, 영국은 12.7명과 6.5명을 기록했다.

이 수치가 사실이라면 이 모든 곳에서 평균적인 남성은 조사 대상 국가가 아닌 다른 국가에서 일부 파트너를 찾아야 한다. 따라서 남성은 실제 수치를 과장하고 여성은 실제 수치를 축소하는 것이, 더 가능성이 높은 설명으로 보인다.

2003년 미국의 한 연구가 이 현상에 대해 밝혀냈다. 200명 이상의 이성애자 학생 표본을 세 그룹으로 나누고, 모두에게 성관계 파트너의 숫자를 묻는 설문지를 작성하도록 했다. 첫 번째 그룹은 설문지 상단에 이름을 적었고 연구자들이 설문지를 읽을 수 있다는 말을 들었다. 두 번째 그룹은 익명으로 응답했고 세 번째 그룹은 손, 팔뚝, 목에 거짓말 탐지기 전극을 달고 응답했다.

첫 번째 그룹에서 남성은 여성보다 훨씬 더 많은 성 파트너의 수를 적었고 두 번째 그룹도 마찬가지였다. 그러나 자신의 응답이 거짓말 탐지기로 확인되고 있다고 생각한 세 번째 그룹에서는, 남성과 여성의 차이가 사라졌다. 놀라운 점은 남성이 자신의 답을 과장하는 것보다 여성이 훨씬 더 축소하는 것으로 밝혀졌다는 것이다.

몇 가지 백분율에 대한 문제를 풀어보자. 둘 다 맞추면 삶에서 만날 수 있는 백분율 오류들의 절반 이상은 감지해낼 수 있을 것이다.

한 물건의 가격이 1파운드에서 4파운드로 인상되었다. 이것은 몇 퍼센트 인상인가?

(a) 300%   (b) 400%

가격을 4파운드에서 1파운드로 되돌리려면 몇 퍼센트가 감소해야 하는가?

(a) 300%   (b) 400%   (c) 75%

첫 번째 질문의 정답은 (a) 300%이지만, 신문 기사에서 '200% 인상'이 가격이 두 배 오른 것이라고 표현하는 오류는 놀라울 정도로 자주 일어난다. 가격이 50% 증가하면 원래 가격의 50%가 증가한 것이고 100% 인상이 가격이 두 배가 된 것이고, 200% 인상은 가격이 세 배가 된 것이다.

두 번째 질문은 훨씬 더 일반적인 오류에 관한 것이다. 많은 사람은 100% 증가를 되돌리기 위해서는 50% 감소해야 한다는 것을 이해하지 못한다. 일견 불공평해 보이지만 그 논리에는 논쟁의 여지가 없다. 어떤 숫자를 두 배로 올리면 100% 증가가 되고 그것을 되돌리기 위해서는 절반, 즉 50%를 감소시켜야 한다. 그러므로 2번 문제의 정답은 (c) 75%다. 4파운드의 75%인 3파운드를 감소시켜야 1파운드로 돌아온다.

연간 수익이 작년보다 20% 증가했다고 말하는 회사에 대해서는 주의할 필요가 있다. 이는 전년도의 20% 하락을 상쇄했을 수도 있다. 100파운드에서 20% 감소하면 80파운드가 되고 이후 다시 20% 증가하면 기존의 금액 100파운드보다 4파운드 적은 96파운드가 된다. 20% 감소한 것을 회복하기 위해서는 25%가 증가해야 한다.

이제 최신 뉴스 보고서에서 발췌한 다음의 내용을 살펴보자. '미국-멕시코 국경을 통과하는 불법 이민자의 숫자가 지난 16년간 300% 이상 감소했다.' 엄청 대단해 보이지 않는가? 하지만 사실은 말도 안 되는 소리다. 100% 감소는 불법 이민이 완전히 멈추어서 0명이 되었다는 것을 의미한다. 300% 감소를 설명할 수 있는 유일한 해석은 불법 이민자의 숫자가 음수가 되었다는 것으로, 그것은 미국에서 멕시코로 향하는 불법 이민자의 숫자가 멕시코에서 미국으로 향하는 불법 이민자의 숫자의 두 배로 증가했다는 것이다.

인도의 민주연합당(National Democratic Alliance)의 또 다른 예시가 있다. 'NDA 정권하에 공공장소에서의 폭동이 200% 감소했다.' 다시 말하자면 100% 감소가 폭동이 0이 되었다는 것을 의미한다. 200% 감소라는 것은 폭동의 숫자가 음수가 되었다는 것인데, 그것이 무슨 뜻인지 추측도 하기 어렵다.

이 두 가지 예시는 모두 특정 비율의 증가가 그 수의 감소 비율과 균형을 이룬다는 잘못된 생각에 기반한 오류다. 이전 질문에서 명확하게 확인한 것처럼 그것은 틀린 생각이다. 동일한 백분율이지만 다른 숫자의 백분율이다.

오해의 소지가 있는 비율에 대해 다루어보았으니 이제 모든 세균을 99.9% 제거하는 살균제가 무엇을 뜻하는지 살펴보자. 99.9% 종류의 세균을 제거한다는 뜻일까, 아니면 종류 불문하고 모든 세균의 99.9%를 제거한다는 것일까?

세균은 모든 곳에 존재하는 아주 작은 단세포 유기체. 일부는 잠재적으로 인간에게 해롭지만, 대다수는 식물과 농물 모두에게 해가 없거나 유익하다. 우리 몸 안의 좋은 세균은 나쁜 세균이 영향을 미치는 것을 막기도 한다. 우리는 세균 감염에 대해 너무 많이 듣고 세균이라는 단어 자체에 일반적으로 나쁜 의미가 있지만, 살균제 광고처럼 모든 세균의 99.9%를 죽이는 것은 재앙이 될 수 있다.

내가 가장 좋아하는 숫자-언어유희 중 하나를 소개하기에 딱 좋은 순간이다. A가 B보다 5배 크면, B가 A보다 5배 작은 것일까?

'5배 작다'와 같은 말을 자주 들은 적이 있고 무슨 뜻인지 알지만, 이것은 비논리적인 표현이라고 느껴진다. '배'라는 단어는 곱셈을 뜻한다. A가 B의 크기의 5배인 경우, A를 계산하기 위해서는 B의 크기에 5를 곱한다. 이건 단순하지만, B가 A보다 작으면 5를 곱할 수 있는 척도가 없다. 5로 나누거나 5분의 1을 곱해야 하고 B는 A의 1/5에 해당한다.

문제는 '5배 더 크다'라는 표현에서 비롯된다. 이 표현 자체로 상당히 헷갈리는 부분이 있는데, 우리는 보통 '어떤 것의 5배만큼'이라는 표현을 많이 쓰지만, 사람들은 '만큼'이라는 표현이 둘의 크기가 같다는 것을 의미하기 때문에, '보다 더 크다'라는 표현을 사용해 비교하는 측면을 강조하려고 하는 것 같다. 하지만 '100% 더 크다'라는 표현은 '2배'와 같으므로 '200% 더 크다'는 '3배'가 되어야 한다. 하지만 '200%다'는 2배와 같으므로, '5배 더 크다'라는 말은 실제로는 '6배'를 의미한다.

블랙풀 탑이 에펠 탑보다 2배 작은지에 관한 숫자-언어유희는 하지 않겠다. 이제 언제 보고서에 수치 비교가 포함되어야 하는지 질문해보도록 하자.

첫 번째 질문은 비교할 데이터의 선별 가능성에 관한 것이다. 몇 년 전 영국의 철도 네트워크는 열차가 5년 내 최고의 시간 엄수 지수를 달성했다고 자랑스럽게 발표했다. 이것을 본 순간 나는 의심이 들었고, '5년 내 최고'라는 표현을 따라 자연스럽게 6년 전에는 무슨 일이 있었는지 궁금해졌다. 10년 전으로 거슬러 올라가는 데이터를 찾아본 결과, 5년 전 재앙적인 철도 사고로 인해 속도 제한, 선로 수리, 신호 개선을 해야 해서 열차의 속도가 느려졌다는 것을 발견했다. 그 결과 열차 시간이 심각하게 맞지 않은 문제가 생겼으며 점차 개선되었지만, 아직도 6년 전 수준으로는 돌아오지 못했다. 최근의 시간 엄수 지수를 보면 실제로 5년 내에는 가장 높았지만 6년 전만큼 좋지는 않다.

또한, 우리가 공정한 비교를 하고 있는지도 질문해야 한다. 비교하고자 하는 '시간 엄수'의 정의가 변경되었다면 어떻게 해야 할까? 2013년 스웨덴 교통국은 스웨덴 열차의 시간 엄수 비율이 향상되었다고 주장했지만, 그건 단순히 열차 지연의 기준을 5분에서 15분으로 늘려서 얻은 결과에 불과했다.

영국에서도 시간 엄수의 정의가 바뀌었다. 기차가 예정된 시간에 최종 목적지에는 도착했지만, 중간의 모든 정류장에는 예상 시간보다 늦었다면 어떻게 되는 것일까? 승무원이 자리에 없거나 운영상의 문제로 기차 스케줄이 재조정된 후 그 조정된 시간에는 맞추어서 운행했다면, 이것은 지연이라고 보아야 할까 아니라고 보아야 할까? 과거에는 분명 이런 작은 차이들을 사용해 시간 엄수 지수를 향상했지만, 지연을 겪은 승객들은 물론 그 지수를 믿지 않았다.

내가 2020년에 본 설문조사의 몇 가지 예로 독자들에게 충분한 백분율 예시를 보여주면서 이 장을 마무리하려고 한다. 이러한 설문조사는 1에서 100까지의 모든 백분율 중 하나를 선택하기에 충분했다. 적어도 내년까지는 더 이상의 백분율 예시가 필요하지 않다. 달리 명시되지 않는 한 모든 설문조사는 영국에서 수행되었다.

- 1%의 사람들은 자녀들에게 생우유를 마시게 한다고 한다.
- 2%의 사람들은 아무도 칭찬해본 적이 없다고 한다.
- 총 가계 지출의 3%는 커피숍이나 식당에서 식사하는 데 사용

된다.

- 웨딩사진 촬영사는 자신의 시간 중 4%를 사진 찍는 데 보낸다고 한다.
- 핀란드 개의 5%는 분리불안을 겪고 있다고 한다.
- 전 세계 사람의 6%는 매일 해산물을 먹는다.
- 7%의 사람들은 자신의 교육 수준이 성공에 제약이 된다고 말한다.
- 18~24세 사람의 8%는 매달 온라인 패스트 패션 의류를 10개 이상 구매한다고 한다.
- 9%의 사람들은 파란색이 거실과 복도에 가장 잘 어울리는 색이라고 생각한다.
- 10%의 아이들은 초등학교를 졸업할 때까지 이를 닦는 법을 모른다.
- 11%의 사람들은 규칙적으로 밤 내내 깊이 잔다.
- 12%의 사람들은 주기적으로 자신이 입던 옷을 중고로 판매한다.
- 13%의 사람들은 감자칩을 나눌 의사가 없다.
- 14%의 학생들은 집 보증금을 받는 데 문제를 겪는다.
- 15%의 사무직 종사자들은 동료들이 자선단체에 관해 이야기할 때 돈을 내고 싶지 않아 한다.
- 16%의 성인들은 어렸을 때 상상 친구를 가졌다고 한다.
- 17%의 농부들은 초고속 브로드밴드를 사용한다.
- 18%의 사람들은 회색이 거실과 복도에 가장 잘 어울린다고

생각한다.

- 19%의 미국 여성들은 술 취한 상태에서 쇼핑한 적이 있다.
- 20%의 쇼핑객들은 자주 배달물을 놓친다.
- 21%의 성인들은 바늘을 두려워 한다.
- 22%의 부모들은 하루에 최소 한 번 이상 자녀들의 음식 속에 과일이나 채소를 숨긴다.
- 23%의 청소년들은 녹색경제 분야에서 경력을 쌓고 싶다고 한다.
- 24%의 사람들은 직장에서 행복하지 않다.
- 전 세계 인구의 25%는 15세 이하다.
- 26%의 사람들은 도박이 삶의 활기를 준다고 생각한다.
- 27%의 님싱들은 책을 읽지 않는다.
- 28%의 고용주들은 직원을 뽑을 때 보이는 부위에 한 피어싱이 집중을 못하게 한다고 한다.
- 29%의 사람들은 도박이 금지되는 것이 좋다고 본다.
- 30%의 농부들은 다운로드 속도가 2Mbps 이하인 인터넷을 사용한다.
- 31%의 사람들은 외식할 때 식품 위생에 대해 걱정한다.
- 32%의 사람들은 대영제국이 자랑스러워 할 만하다고 생각한다.
- 자취하는 학생들의 33%는 습기 문제를 겪는다.
- 34%의 어린이들은 자발적으로 다른 사람들이 버린 쓰레기를 줍는다.
- 취업한 성인의 35%가 관계에서 오는 스트레스로 고통받는다.

- 전 세계 사람의 36%는 잠을 더 잘 자기 위해 파트너와 다른 침대에서 잔 적이 있다.
- 37%의 여성들은 매일 최소 한 번 이상 거짓말을 한다고 한다.
- 8~17세 사람의 38%는 인터넷이 안전한 공간이라고 느낀다.
- 39%의 노동자들은 자신의 월급이 만족스럽지 않다고 느낀다.
- 40%의 성인들은 커피를 마신다.
- 41%의 영국인들은 우주여행을 위해 돈을 모을 의향이 있다.
- 42%의 성인 노동자들은 주 30시간 이상 근무한다.
- 43%의 집주인들은 주거지 적합성에 대해 다룬 2018년 주택법 개정안을 모른다.
- 44%의 사람들은 음식 가격에 대해 걱정한다.
- 45%의 사람들은 식당 음식의 안전성에 대해 걱정한다.
- 46%의 유럽인들은 공기 오염이 중요한 환경 문제라고 생각한다.
- 47%의 성인들은 자신들이 차를 즐긴다고 생각한다.
- 48%의 여성들은 직장 선배가 성차별적 발언을 했을 때 반박할 수 있다고 말한다.
- 49%의 미국인들은 신용카드 빚보다 저축액이 더 많다.
- 50%의 남성들은 하루에 최소한 한 번 이상 거짓말을 한다고 한다.
- 51%의 매니저들은 직원을 뽑을 때 외모로 인해 고의로 그들을 차별한 적이 있다.
- 52%의 남성들은 여성 동료에게 데이트 신청을 해도 괜찮다고

생각한다.

- 53%의 사람들은 지방 정부가 약간의 세금을 걷어 관광산업에 지원해도 좋다고 생각한다.
- 54%의 사무직 노동자들은 동료의 생일이나 그들이 떠날 때 약간의 돈을 걷어도 좋다고 생각한다.
- 55%의 소비자들은 식품의 설탕 함량에 대해 우려한다.
- 전 세계 인구의 56%는 도시에 산다.
- 57%의 자동차 운전자들은 전기차와 관련된 이슈들이 너무 위험하므로 전기차를 사는 것이 꺼려진다고 한다.
- 58%의 교사들은 다른 전문직에 비해 보수가 적다고 생각한다.
- 전 세계 인구의 59%는 석극적으로 인터넷을 사용한다.
- 3~7세 아동 중 60%는 텔레비전을 보면서 멀티태스크를 한다.
- 61%의 영국인들은 외식할 때 이전에 먹어본 음식을 다시 시키는 것을 선호한다.
- 62%의 영국인들은 여전히 군주제를 유지해야 한다고 생각한다.
- 63%의 사람들은 '권장 사용 기간'과 '유통기간' 라벨을 폐기해야 한다고 생각한다.
- 64%의 사람들은 일에 대한 걱정으로 잠을 잘 못 잔다.
- 25~49세 사람 중 65%는 하루 최소 한 번 이상 음성 지원 장치에 말을 한다.
- 66%의 사람들은 더 나은 워라밸을 찾고 있다.
- 67%의 축구 애호가들은 비디오 판독 도입 이후 경기가 덜 재

있다고 한다.

- 68%의 사람들은 지난 3개월 동안 기부한 적이 있다.
- 69%의 미국인들은 올해에 우주인이 지구에 찾아올 확률이 낮다고 생각한다.
- 70%의 소비자들은 생강이 건강에 좋다고 생각한다.
- 미국 애리조나 유권자의 71%는 기후 변화가 심각한 문제라고 생각한다.
- 72%의 사람들은 '권장 사용 기간'과 '유통기간' 라벨이 너무 신중하게 쓰여 있다고 생각한다.
- 73%의 사람들은 NHS(영국의 국민건강보험)의 지출을 늘리기 위해 세금을 더 낼 준비가 되어 있다고 한다.
- 74%의 여성들은 유럽 이외의 대륙에서 혼자 여행해본 경험이 없다.
- 레스터셔 경찰의 75%는 경찰들이 테이저건을 지급받아야 한다고 생각한다.
- 76%의 사람들은 행복하거나 매우 행복하다고 느낀다.
- 77%의 사람들은 왼쪽과 오른쪽을 헷갈리지 않는다.
- 78%의 성인들은 한 번도 밸런타인데이에 나쁜 경험을 해본 적이 없다고 한다.
- 79%의 사람들은 공공장소에서 잠옷을 입어본 적이 있다.
- 지구상에 알려진 종의 80%는 곤충이다.
- 81%의 사람들은 미래의 무역협상에서 정해질 고기 품질 기준

에 대해 우려한다.

- 82%의 사람들은 영국에서 멸종한 종들을 다시 들여오고 싶어한다.
- 83%의 65세 이상 노동자들은 자신의 직업에 만족한다고 한다.
- 84%의 사람들은 열심히 일하는 것이 '삶에서 성공하는' 열쇠라고 생각한다.
- 85%의 여성들은 브래지어 사이즈를 잘못 입고 있다.
- 86%의 성인들은 식당에 갔을 때 같이 온 사람이 자신이 원하는 메뉴를 먼저 주문했다면 자신은 다른 것을 주문할 것이라고 한다.
- 87%의 영국인은 고기를 먹는다.
- 88%의 사람들은 웨스트서식스 지역이 안전하다는 것에 동의 또는 매우 동의한다.
- 89%의 멕시코인들은 도널드 트럼프가 세계적인 안건들에 대해서 올바른 선택을 할 것으로 생각하지 않는다.
- 전 세계 인구의 90%는 여성에 대해 편견이 있다.
- 91%의 성인들은 태닝 베드를 사용해본 적이 없다.
- 92%의 사람들은 생에 한 번 이상 기부를 해본 적이 있다.
- 93%의 중국인들은 환경적인 이유로 자가용 대신 대중교통을 선택한다.
- 94%의 소비자들은 가게보다 온라인에서 더 좋은 제품을 발견한다고 한다.

- 95%의 EU 시민들은 제품에 사용되는 화학용품들이 환경에 미칠 영향에 대해 우려한다.
- 10만 달러 이상 소득을 올리는 미국인의 96%는 자신들의 삶에 만족한다.
- 전업 삽화가의 97%는 자신들이 종사하는 업계에 대해 자랑스럽게 생각한다.
- 98%의 부모들은 자녀들의 온라인상의 사생활에 대해 우려한다.
- 99%의 사람들은 매일 이메일을 확인한다.
- 모든 백분율의 100%는 적어도 약간 회의론적인 관점에서 보아야 한다.

수치를 신뢰하기 전에 자신에게 물어보아야 한다. 연구자들은 표본을 어떻게 얻었을까? 표본의 크기는 몇 명이었을까? 그 표본이 전체 집단을 대표할까? 비율을 계산하기 전에 '모름' 또는 '해당 없음', 응답을 거부한 사람들이 제외되었을까? 어떤 다른 질문들이 같이 포함되어 있었을까? 그 설문조사의 주제와 이익 관계에 있는 팀 또는 회사가 시행했을까? 아니면 완전히 독립적인 회사에서 시행한 것일까? 응답자들이 어떤 이유에서든지 거짓말을 했을 가능성이 있을까? 이러한 모든 질문에 대한 답이 있을 때만, 우리는 그 수치가 실제로 무엇을 의미하는지 판단할 수 있다.

CHAPTER 10

카오스와 나비

카오스와 복잡성과 돌발 상황의 수학

—

때로는 모든 것이 혼란에 빠지고 실제로 무엇을 해야 할지 모를 정도로
완전히 혼란스러워하는 능력이 중요하다. 혼돈은 놀랍도록 창의적일 수 있다.

- 마크 라일런스, 〈데일리 텔레그래프〉 인터뷰, 2016년 12월 31일

1985년 왕립학회와 왕립연구소와 영국 과학진흥협회는 비 과학자들의 과학적 이해 수준에 대해 공동으로 우려를 표명하면서 공공의 과학 이해 위원회(Copus)를 설립했다. 그들의 목표는 사람들이 과학적 발전에 더 쉽게 접근할 수 있도록 하는 것이다.

이 목표는 과학기술국으로부터 빠르게 정부 자금을 지원받았으며, 여러 대학에서 대중의 과학 이해 교수직이 부여되었다. 리처드 도킨스는 1995년 옥스퍼드 대학에서 대중의 과학 이해 교수직에 취임했으며, 마커스 드 사토이가 2008년에 그 자리를 이어받았다.

한편 2000년 정부의 과학기술 선정위원회가 보고한 바와 같이

'대중의 이해'라는 표현에 대한 의구심은 점점 커지고 있다. '우리는 여러 출처를 통해 "대중의 과학 이해"가 가장 효과적인 표현이 아니라는 이야기를 들었다'며, 이것이 '오히려 거꾸로 보는 비전'이라고 부르는 정부 최고 과학 고문인 로버트 메이 경의 의견을 인용했다.

이 보고서는 '대중의 이해'라는 말은 '과학과 사회의 이해가 다른 것이 전적으로 대중의 무지와 오해 때문이라는 것을 암시한다'라고 주장하며, '과학자들이 자신의 직업이 사회와 여론에 미치는 영향과 적용 사항들에 대해 이해하고자 노력하는 것이 점점 더 중요해지고 있다'라고 평했다.

이러한 반대 의견을 고려할 때 위원회가 대중의 이해에 대한 대중 이해를 위한 새로운 위원회를 구성할 수 있다고 생각하지만, 그 대신에 그들은 기존 위원회의 이름과 구성을 변경하기를 제안했고, 공공의 과학 이해 위원회는 2002년에 중단되었다.

대중이 과학을 이해하는 것을 방해하는 진짜 문제는 과학이 점점 더 이해하기 어려워지고 있다는 것이다. 고대 그리스인들은 물질의 고체 덩어리가 모두 원자(더 이상 나누어질 수 없는 입자를 뜻함)로 구성되어 있다는 사실을 기쁘게 받아들였을지도 모르지만, 어니스트 러더퍼드가 1917년 원자를 나누었을 때 그것에 대한 대중의 이해가 최대한 당겨졌다가, 1920년대 양자 이론이 시작되었을 때 더 버티지 못하고 끊어지면서 진정한 대중 이해의 마지막 흔적이 빠르게 사라졌다.

슈뢰딩거가 우리에게 말했듯이 입자가 동시에 두 위치에 있을 수 있거나, 빛이 때로는 파장이고 때로는 입자이거나, 고양이가 동시에 살아있고 죽을 수 있다는 것을 어떻게 대중이 받아들이고 이해할 수 있다고 기대할 수 있을까?

어떤 대학에서 대중이 과학에 대해 오해하는 것을 해소하기 위한 교수직 또는 과학의 총체적 과잉 단순화를 방지하기 위한 교수직을 만들기로 했다면, 나는 기쁜 마음으로 지원할 의사가 있다. 이것들이 야말로 현실적인 달성 가능한 목적이라고 생각한다. 그러나 대중의 오해는 과학뿐만 아니라 수학에서도 문제가 되는데, 이것이 가장 잘 나타난 것이 바로 카오스 이론과 이른바 '나비효과'가 대중에게 표현된 방식이다.

카오스 이론은 최근에 개발된 수학 분야로 우리가 세상을 보는 방식에 미묘한 변화를 일으켰지만, 일반적인 대중 내제 득히 영화에서 일반적으로 제시된 방법은 전혀 그것과는 달랐다.

카오스 이론

카오스 이론은 예측할 수 없는 것을 예측하는 과학이다. 또는 더 정확하게 말하자면 날씨, 주식 시장, 유체의 난류 또는 기타 여러 현상으로 인해 정확한 예측이 불가능해지는 시기를 감지해 예측하는 것이다.

이러한 상황에서 차선책은 이것이 언제 발생하는지 인식할 수 있는 것이다. 즉, 정확한 예측이 불가능하다는 것을 정확하게 예측할 수 있어야 한다는 것이다. 특히 주식 투자와 일기 예보 분야에서 그러한 카오스(혼돈)에 대한 예측

이 중요해졌다.

나비효과

나비효과에 대해 기억해야 할 중요한 점은 진짜 나비효과가 의미하는 것과 그것을 대중이 오해한 것 사이에는 큰 차이가 있다는 점이다. 그 둘 사이의 공통점은 세계의 한 지역에서 나비가 날갯짓하면 그것이 연쇄적인 반응을 일으켜 어떤 지역에서는 날씨가 좋을 수도 있고 다른 지역에서는 태풍을 만들어낼 수도 있다는 개념이다. 차이점은 대중은 이것을 작은 사건이 어마어마하게 큰 사건으로 커질 수 있다는 경고로 받아들이는 것이다. 그보다 더 흥미로운 개념은 특정 상황을 예측하는 과정에서 초기 조건에 매우 민감하므로, 아무리 정확하게 초기 조건을 측정하더라도 매우 작은 차이로 인해 계산된 결과가 크게 다를 수 있다는 점이다. 나비의 날갯짓이 태풍을 일으킬 수 있다면, 다른 나비가 숨을 내쉬는 것만으로도 그 태풍을 멈출 수 있는 셈이다.

2004년 영화 〈나비효과〉는 '나비가 날개를 펄럭이는 것만큼 작은 사건이 궁극적으로는 세계 반대편에서 태풍을 일으킬 수 있다'라는 문구와 그 아래 '카오스 이론'이라는 문구를 화면에 보여주면서 시작한다.

2005년에는 웨슬리 스나입스가 매우 교활한 은행 강도 역을 맡았던 〈카오스〉라는 영화에서 그는 경찰관에게 '카오스(혼돈)에도 규칙이 있다'라는 말을 남겼다.

또 다른 형사는 카오스 이론이 범죄자의 의도에 대한 열쇠를 쥐고 있다고 믿으며, 그 이론은 '무작위로 보이지만 실제로는 수학적으로 설명할 수 있는 규칙적인 요소를 가진 현상에 관한 연구지. 사건의 초기 상태는 규제되지 않고 무작위로 보일 수 있지만, 결국 패턴이 나타나고 모든 조각이 서로 맞물리는 거야'라고 동료에게 설명한다.

더 오래된 영화 중 〈쥬라기 공원〉(1993)에서도 제프 골드블럼의 캐릭터는 나비효과로 인해 예측할 수 없는 광범위한 결과가 일어난다고 하며, '카오스'라는 용어를 예측할 수 없음과 유사한 의미로 사용한다. 이러한 사례와 또 더 많은 사례를 보면 수학의 '카오스 이론'이라는 개념을 단순화해 설명하려는 시도를 통해 그 개념이 잘못 이해되고 있다는 것을 확인할 수 있다.

고대 그리스인들은 지구가 창조된 광대한 공허에 '카오스'라는 이름을 붙였나. 기원선 /00년경에 살았던 소크라테스 이전의 철학자 헤시오도스에 따르면 카오스는 가장 먼저 존재했지만, 지구가 하늘에서 분리될 때 생성된 틈새로 볼 수 있다고 한다.

로마인들 또한 비슷한 견해를 가지고 있었는데 기원전 1세기에 오비디우스가 쓴 『변신 이야기(Metamorphoses)』를 보면 카오스는 모든 요소가 뒤섞이고 형태가 없는 덩어리라고 묘사된다. 현대의 우리는 국가, 정치 체제, 또는 시위 등이 카오스(혼돈)에 빠졌다고 표현하는데 이 단어를 사용하지만, 고대인들에게는 카오스는 질서가 생성된 태고의 진흙이다. 적절하게도 카오스가 모든 것의 시작점인지 결론인지에 대한 질문이, 그 이름을 취한 카오스 이론에 대한 혼란의 중심점에 있다.

카오스 이론의 기초는 1961년 미국의 기상학자 에드워드 로렌츠가 마련했다. 그는 수학자로서 커리어를 시작했고 당연히 초기 컴퓨터를 구입해서 날씨를 예측하고자 했다. 뉴턴의 운동 법칙에 따라 주어진 순간에 모든 구성요소의 질량과 위치, 속도를 안다면, 모든 물리적 시스템의 미래 행동을 예측할 수 있다고 오래전부터 알려져 있었다. 결국, 기후라는 것은 매우 크고 복잡한 물리적 시스템이다.

따라서 로렌츠는 자신이 가장 중요하다고 생각하는 변수들만 취합해 날씨를 예측하는 수학적 모델을 만들었고, 그럴듯한 초깃값을 넣어 컴퓨터가 미래에 일어날 일을 계산하도록 설정했다. 그 결과는 실제 날씨 패턴처럼 보였기 때문에 상당히 고무적이었으나, 매우 운이 좋게도 엄청난 영향을 미칠 사고가 일어나게 된다.

로렌츠는 모델링 결과 좋은 수치를 얻었고, 더 먼 미래를 예측하는 모델을 실행해보기로 했다. 하지만 시간을 조금 절약하기 위해서 이전의 컴퓨터 모델링 출력물에서 새 시작점 수치를 가져와서 입력해, 이전 단계의 중간에서부터 새로운 계산을 시작했다. 하지만 컴퓨터 내의 자료는 소수점 6자리였지만, 출력물에는 소수점 3자리까지만 표시되어 있었다.

새로운 모델은 짧은 시간 동안에는 이전과 거의 동일한 수치를 보여주었지만, 이후 점점 벗어나기 시작했고 차이는 더 벌어졌다. 이 수치를 확인한 뒤 그는 유일하게 가능한 결론에 도달했다. 우리는 거의 300년 동안 뉴턴의 운동 법칙에서 중요한 것을 놓치고 있었다. 질량과 위치와 속도를 정확하게 측정하는 것이, 미래의 행동을 예측하는 데 필수적이라는 것을 알고 있었지만, 측정이 더 정확할수록 예측이 더 정확할 것이라고 가정했다. 로렌츠의 간단한 모델은 숫자가 1만분의 1만큼 차이가 나더라도(출력물에서의 소수점 3자리와 컴퓨터의 소수점 6자리의 차이) 예측된 결과가 엄청나게 달라질 수 있다는 것을 보여주었다.

로렌츠는 우선 장기 일기 예보의 타당성에 의문을 제기하는 「결정적인 비-주기적 흐름」이라는 제목으로 〈대기과학저널〉에 논문을 발표했다. 뉴턴과 이후의 유체 운동 법칙을 사용하는 예측 시스템들은, 초기 조건을 알고 있다면 그 행동을 항상 예측할 수 있도록 정의하는 정확한 수학적 규칙을 통해 관리되었다. 그러나 그 마지막 조건이 매우 큰 걸림돌이었다. 초기 조건을 소수점 3자리까지 측정하면, 6자리의 값과 다른 예측값이 나올 수 있다는 결과가 나온 것이다. 그리고 6자리까지 정확하게 측정해서 사용했다고 하더라도, 그 예측값은 소수점 7자리와 달랐을 것이다.

결정론적 시스템이 잠재적으로 예측 불가능하다는 성질을 보여주는 이 사례가 카오스 이론의 핵심 개념이었고, 이것이 모든 것을 바꾸었다. 웨슬리 스나입스가 말했듯이 카오스에는 어떤 질서가 있지만, 그 질서가 조금 더 많아지면 카오스가 발생할 수 있다. 그리고 무작위로 보이는 현상이 수학적 규칙성의 요소를 갖는 것이 아니라, 우리가 규칙적인 것으로 알고 있는 예측 현상이 명백한 무작위성으로 방향을 바꿀 수 있다는 것이다.

웨슬리 스나입스가 '로렌츠'라는 가명을 사용했고, 비행기 표를 예약할 때는 카오스 이론을 대중화한 책의 저자인 제임스 글릭의 이름을 사용했다고 하더라도, 이 영화의 카오스는 에드워드 로렌츠가 발견한 카오스와는 거리가 멀었다.

이것들을 볼 때 어떻게 나비가 대중의 오해에 그토록 두드러진 역할을 했는지 의문이 들 것이다. 그 의문에 대한 답은 서로 관련되지 않은 세 가지 요인이 합쳐진 것에 담겨 있다.

첫 번째는 여러 힘의 영향을 받을 때 입자가 따라갈 수 있는 혼란스러운 경로를 설명하기 위해 로렌츠가 사용한 다이어그램이다. 전통적으로 행해졌던 가정은, 경로가 초기 단계에서는 크게 다를 수 있지만 이내 규칙적이고 예측 가능한 것으로 정착할 것이라고 여겼다. 하지만 그의 모델은 입자가 두 개의 나선을 그리며 오고 가는 모양을 나타냈고, 그는 이 과정이 계속 반복된다고 주장했다. 어느 정도 각이 진 두 나선은 나비의 날개를 연상케 했다.

이 단계에서는 아직 '나비효과'라는 용어가 자리 잡지 못했지만 1972년 카오스 이론과 처음 연관되었을 때, 그 두 나선이 카오스 이론이라는 이름에 기여했을 수 있다. 정확히 말하면 로렌츠가 발표한 것은 1972년 12월 29일 워싱턴 DC에서 열린 미국 과학발전협회의 139차 회의 「예측 가능성: 브라질에 있는 나비가 날갯짓을 하면 텍사스에서 토네이도가 일어날까?」에서였다.

실제로 로렌츠는 제목 없이 강의록을 제출했고 나비를 떠올린 것은 동료 기상학자인 필립 메릴리스였다. 신기하게도 처음에는 나비가 아닌 갈매기였다. 로렌츠는 1963년에 초기 발견을 설명하면서 다음과 같이 적었다. '한 기상학자는 이 이론이 옳다면 갈매기 한 마리의 날갯짓으로 날씨의 흐름이 영원히 바뀔 수 있다는 것을 의미한다고 말했다.' 갈매기를 나비로 바꾸는 절묘한 행동이, 현실적인 연구에서 고려할 수 없을 정도로 아주 작은 한 요인이 만들어낼 수 있는 효과를 아름답게 묘사한다.

전 세계 모든 나비의 날갯짓을 컴퓨터 대기 모델에 사용할 수 있다고 하더라도, 한 나비의 방귀가 완전히 다른 결괏값을 만들어낼 수 있다(물론 나비가 방귀를 뀌는지는 모른다). 이 주제에 관한 추가 연구가 분명히 필요하지만 중요하지는 않다. 나비가 숨을 쉬는 그것만으로도 결과가 카오스에 빠질 수 있다. 그러나 로렌츠가 지적한 것처럼 브라질에 있는 나비의 날갯짓이 텍사스에서 토네이도를 일으킬 수 있다면, 또 다른 날갯짓이 그 토네이도를 막을 수도 있다.

로렌츠의 나비 날개 나선과 토네이도 생성(또는 방지)에 더해서, 삼위일체를 완성할 마지막 하나는 로렌츠의 발견보다 10년 앞선 것이다. 1952년 미국의 공상 과학작가 레이 브래드버리는 미래의 시간 여행을 배경으로 한 단편 소설 『천둥의 소리(A Sound of Thunder)』를 썼다. 이 이야기에는 티라노사우루스 렉스를 사냥하기 위해 백악기 후기로 시간을 거슬러 올라가는 에켈스라는 부유한 모험가가 등장한다. 사냥 주최측은 역사를 바꿀 수 있는 일이 일어나지 않도록 모든 것을 신중하게 준비했으며, 사냥꾼은 어쨌든 몇 분 안에 죽을 공룡을 죽이기 위해 미리 정해진 경로를 고수하라는 단호한 규칙을 따라야 한다.

그러나 에켈스는 티라노사우르스를 보고 당황해 경로에서 이탈하게 된다. 화가 난 주최측은 그가 초래한 피해를 되돌리려 하지만, 에 켈스는 나중에 부츠 밑창에서 밟힌 나비 한 마리를 발견한다. 현재 로 돌아온 그는 모든 것이 미묘하게 바뀐 것을 알게 된다. 사용하는 언어, 사람들의 행동, 그리고 무엇보다도 정치가 매우 안 좋은 방향으 로 바뀌었다. 이 모든 것이 그 나비 한 마리의 결과로 일어났다.

로렌츠가 브래드버리의 책을 막연하게라도 알고 있었는지는 알 수 없지만, 이 책의 내용은 나비가 모든 것을 바꿀 수 있다는 그의 이론과 잘 맞는다. 로렌츠의 작업은 기상학에 국한되어 시작되었지 만, 카오스 이론은 이전에는 명백하게 무작위적인 행동에 관해 설명 할 수 없었던 수많은 다른 분야들로 빠르게 퍼져 나갔다. 유체 역학 에서는 카오스 이론을 사용해 난류 현상을 설명했고, 브누아 망델브 로는 기하학 카오스 이론을 통해 '프랙탈'이라고 이름 지은 놀랍도록 복잡한 디자인을 개발했다. 이 프랙탈은 점점 더 작은 규모로 끝없 이 반복되는 모양을 말하는 것으로, 어떻게 해안선같이 복잡한 구조 들은 단순한 직선의 조합으로 설명할 수 없는지를 잘 설명한다. 사실 해안선의 세부적인 구불구불한 부분을 더 자세히 살펴볼수록 해안 선의 길이를 원하는 만큼 늘릴 수 있다. 물결 모양의 선이 많고 더 작 은 단위로 들어갈수록 측정된 길이가 무제한으로 증가한다.

카오스 이론은 인구 역학, 주식 시장 변동, 기타 경제 예측에서 예 상치 못한 변동이 일어나는 것을 조사하고 설명하는 데 사용되었다. 또한 쟁반 위에 자석 3개 A, B, C를 두고 그 위에 매달린 진자 끝에 금 속 공 X를 둔 책상 장식용 디자인으로도 만들어졌다(203p 그림 참조).

길이가 무한한 선을 그리는 방법

1. 중간 1/3 구간이 정삼각형의 두 변으로 대체되는 직선으로 시작한다. 처음 직선의 길이가 3s였다면 이제 4s가 되었다.

2. 이제 길이가 동일한 4개의 직선 구간이 있다. 이전과 마찬가지로 각 구간의 중간 1/3 부분을 정삼각형의 두 변으로 바꾼다. 그러면 각각의 길이가 s/3인 16개의 직선 구간이 있으며 총 길이는 16s/3으로 4s보다 길어졌다.

3. 동일한 작업을 다시 수행한다.

4. 그리고 또 … 그리고 또.
   이 작업을 할 때마다 총 길이는 4/3를 곱한 값이 된다.

5. 이런 과정을 통해서 원하는 만큼 더 작고 더 구불구불한 선을 만들어낼 수 있으므로, 해안선의 길이는 원하는 만큼 길어질 수 있다.

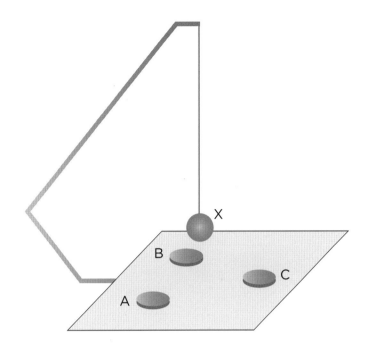

금속 공(X)을 뒤로 당기고 놓으면 자석 (A, B, C) 때문에 앞 뒤로 당겨지는 것을 볼 수 있다. 두 개의 자석이 반대 방향으로 잡아당기면 세 번째 자석이 그것을 잡아당기면서 새로운 경로를 설정한다. 결국, 운동량을 잃으면 공이 자석 중 하나에 고정되어 여정이 마무리된다.

사실 이를 모델링한 컴퓨터 프로그램을 통해 모든 초기 위치에서 공이 따라가는 경로를 추적할 수 있다. 각 시작 위치는 자석 평면 위에서 고유한 최종 위치에 이르기 때문에, 해당 평면은 자석 세 개에 해당하는 세 가지 색으로 음영 처리할 수 있다. 결과를 살펴보면 어떤 특정한 구간에서는 공이 자석 A에서 끝나지만, 다른 영역에서는 B와 C에서 끝나는 것을 볼 수 있다. 하지만 특정한 지점에서는 세 가지 색상이 더 이상 구별될 수 없을 정도로 가까워진다.

이것이 실제로 의미하는 바는 금속 공을 어딘가에서 놓으면 그것이 어디로 향할지 예측할 수 있지만, 실제로 아무리 같은 지점에서 공을 시작하려고 원하는 위치에 가깝게 두어도 동일한 경로를 복제할 수는 없다는 것이다. 그런 지점 근처에서는 공의 움직임이 카오스가 되는 것이다. 원래 지점에 아무리 가깝게 둔다고 하더라도 완전히 다른 결과가 나올 수 있다.

이것은 기본적인 문제를 인식하던 방식에 큰 변화를 가져왔다. 수세기 동안 우리는 충분히 정확하게 측정하는 것이 얼마나 어려운지 알게 되었다. 하지만 이제 아무리 측정값이 정확하더라도, 그것이 대략적인 예측을 할 수 있을 만큼 정확하지 않을지도 모른다는 것을 알게 되었다. 따라서 카오스가 발생할 위기에 있는지를 확인하는(과학적으로 말하자면 초기 조건에 매우 민감한 지역에서 측정이 이루어지고 있는지를 확인하는) 문제에 직면한 것이다.

과거의 컴퓨터 예측 모델링은 관련 물리 법칙을 시뮬레이션하는 프로그램을 작성하고 사용 가능한 모든 데이터를 넣은 다음, 프로그램을 작동시킨 뒤 결과를 얻는 과정으로 이루어졌다. 하지만 카오스 이론 이후에는 일기 예보, 주식 시장 등의 다양한 영역에서 새로운 트릭이 사용되었다. 초기 실행 후 원본 데이터를 약간씩 변경하고 여러 차례 반복해서 결과를 얻는다. 모든 결괏값이 거의 동일한 경우, 예측이 정확할 가능성이 크지만 큰 차이가 나게 되면 우리는 카오스가 발생하리라 예측할 수 있다.

1990년대 초 카오스 이론 전문가로서 미국 은행에서 매우 높은 보수를 받은 두 명의 뛰어난 순수 수학자들을 막 인터뷰하고 돌아온 기자와 대화를 나눈 적이 있다. 그 기자는 이들이 뻔뻔한 야심가라기보다는 정확한 학자 같다는 인상을 깊이 받았다고 회상하면서, 그들이 은행에 취업하게 된 것이 수학 괴짜들의 시대가 도래했음을 알리는 일이 될지 질문했다고 한다. 그 수학자들은 '그런 시대가 오려면 아르마니가 방한용 파카를 디자인해야 할 겁니다'라고 답했다고 한다.

아르마니 웹사이트인 www.armani.com에서 anorak(파카)를 검색하면 28개의 검색 결과가 나온다. 즉, 괴짜들의 시대는 분명히 도래했다. 2016년 런던에 새로운 테이트 모던 갤러리가 개장할 때 패션 잡지인 보그는 '지난 밤 화려한 테이트 모던 오프닝에서 주의를 끌었던 것은 실크 슬립드레스가 아니라 구찌의 사과 초록색 아노락이었다. 좋아하든 싫어하든 괴짜 스타일은 최신 패션의 일부로 남을 것이다'라고 보고했다.

그리고 이 모든 것은 카오스 이론과 그 펄럭이던 나비의 결과일 수 있다.

카오스 이론의 발전은 예측할 수 없는 시스템에 관한 관심이 확대되는 것으로 이어졌고 순전히 우연이지만 같은 글자 C로 시작하는 두 가지 수학 분야가 발생하는 계기가 되었다. 복잡성 이론(Complexity Theory)과 파국 이론(Catastrophe Theory)이다. 카오스 이론과 나비효과처럼 2011년 복잡성(Complexity)이라는 이름으로 영화가 개봉되었지만, 파국(Catastrophe)을 제목으로 한 영화는 없었다. 그렇지만 파국을 제목으로 한 드라마는 2008년, 2015년, 2017년에 있었다. 아쉽게도 이 세 드라마 모두 우연히 이름만 같았을 뿐 파국 이론을 다루지는 않았다.

복잡성 이론이나 파국 이론은 카오스 이론만큼 대중의 상상력을 자아내지는 못했지만, 둘 다 카오스 세계의 각기 다른 측면을 반영하기 때문에 여기에서 다룰 가치가 있다. 카오스 이론은 조직화된 시스템에서 나타나는 임의의 행동이라는 놀라운 개념을 도입했다. 하지만 복잡성 이론은 무작위성에서 비롯된 시스템에 관한 것이며, 파국 이론은 일반적으로는 부드러운 변화를 일으키는 시스템에서 급작스러운 행동이 일어나는 것을 설명한다.

복잡성 이론

국제 무역, 정치, 인터넷의 파급 효과로 인해 세계는 더욱 연결되고 복잡해졌다. 복잡성 이론은 이런 모든 복잡한 요소들을 하나의 포괄적인 주제로 묶으려는 시도이지만, 너무 복잡하기 때문에 그것이 무엇인지에 대한 일반적인 합의도 되지 않는다. 복잡성은 카오스에서 발견할 수 있는 질서를 연구한다.

복잡성 이론은 그 이름에 걸맞게 매우 복잡하다. 사실 그것은 다양한 분야에 걸쳐 명백하게 무질서한 시스템에서, 질서와 구조가 나타날 수 있는 방식을 가로지르는 일련의 개념들에 대한, 포괄적인 용어이므로 이론이라고 할 수는 없다.

개별 새들은 예측할 수 없이 움직이지만, 그러한 새들이 모인 무리는 우아한 패턴을 그리며 날아가는 생물학의 현상을 복잡성 이론을 사용해 설명할 수 있다. 또한, 단일 곤충은 예측할 수 없더라도, 개미 또는 벌 집단이 명백하게 조직된 행동을 하는 부분에도 적용되었다. 대기업의 직원들도 각자 자신들의 일을 하지만, 집단으로 행동하는 부분에서 유사한 현상이 일어난다.

공학 분야에서는 수백만 개의 작은 구성요소로 만든 비행기 같은 전체 조립품의 기능에 복잡성 이론이 적용될 수 있다. 생태학의 동물 개체군 또는 식물 서식지의 기능은, 개별 구성원들의 행동 때문에 생성된 복잡한 적응의 결과라고 볼 수 있다. 경제학의 경우, 전체 금융 시스템은 개별 투자자들의 결정에 따라 만들어진다.

인간 두뇌의 기능 또한 우리가 이해하지 못하는 개별 세포의 상호작용에서 나오는 시스템으로 볼 수 있고, 그러한 맥락에서 전 세계 사회 정치 시스템의 행동을 예측하려는 노력 또한 복잡성 이론에 해당한다고 할 수 있다.

우리는 이러한 모든 경우에서, 방대한 수의 지역적 상호작용에서 발생하는 거대한 규모의 글로벌 패턴을 보게 된다. 사람의 경우, 개인의 결정은 경쟁이나 협력의 영향을 받을 수 있으며, 이는 중앙의 통제 없이 전체에 미치는 영향에 따라 조정된다.

복소수

헷갈릴지도 모르지만, 복잡성 이론은 복소수와는 거의 관련이 없다.

복소수는 수학자들이 어떻게 자신들이 발견한 결과와 방법을 일반화할 수 있는지 잘 보여주는 아름답고도 놀랍도록 유용한 예시다. 수학은 정수로 시작했으며 0과 음수의 개념이 여러 문화권에서 다른 시기에 도입되었다. 덧셈과 곱셈은 이내 나눗셈과 소수로 이어졌고, 곱셈을 통해 특정 수의 제곱의 개념이 발전되었다. 이를 피타고라스의 직각삼각형 공식처럼 유용하게 사용해왔다. 하지만 제곱의 개념은 이해하기 어려운 제곱근의 문제로 이어졌다.

우리는 4의 세곱근이 2와 -2라는 것을 알고 있다. 그렇다면 -1의 제곱근은 무엇일까?

시야가 좁은 실용파들은 음수에는 제곱근이 없다고 말했을지 모르지만, 수학자들은 $x^2=-1$과 같은 방정식이 고려 대상에서 제외되는 것을 원치 않았기 때문에, -1의 제곱근으로 '허수 i'를 고안했다. '허수'라는 용어는 17세기 르네 데카르트가 비웃음의 뜻을 담아서 만든 것이었지만, 이후 이 숫자가 매우 유용하다는 것이 밝혀졌다.

허수의 발견은 단순히 음수의 제곱근을 발견한 것뿐만 아니라 '실수' 부분과 '허수' 부분이 결합된 복소수로 이어졌다. x+iy. 자신을 비웃은 데카르트에게 그 가치를 증명하려는 것처럼 허수는 데카르트 기하학에서 평면의 점을 특성화하는 매우 유용한 방법을 제공한다. 데카르트는 복소수의 개념을 별로 좋아하지 않았고, 심지어는 '실수'에 반대가 되고 아무것도 없다는 뜻의 '허수'라는 용어를 만들 정도로 이 개념에 반대를 표했다. 하지만 그조차도 (x, y) 평면 위의 좌표를 x+iy 형태로 표현하는 것의 장점을 인지했다.

뉴턴 또한 복소수를 낮게 평가하는 경향이 있었지만, 곧 어떤 대수 방정식을 풀 때 실수에서는 답을 찾을 수 없는 경우라도 복소수를 사용해 답을 찾을 수 있다는 점이 밝혀졌다. 절반은 허수인 복소수는 기하학과 파동학과 역학과 유체 역학, 양자 이론을 포함한 광범위한 수학과 물리학에 적용된다.

뉴턴 이전의 과학적 패러다임은 예측 가능한 세계를 규정했다. 뉴턴 이후의 카오스와 복잡성의 세계는 모든 것이 항상 유동적이기 때문에, 안정된 균형점이 존재하지 않았다. 하지만 복잡성 이론이 그러한 복잡한 시스템에 보편적으로 적용할 수 있는 수학적 틀이 될 수 있을지, 또는 우리가 복잡성이 의미하는 바를 정확하게 정의할 수 있을지 말하기에는 아직 너무 이르다.

파국 이론

파국 이론은 눈사태, 교도소 폭동 또는 동물의 투쟁 도피 반응처럼 동적 시스템이 갑작스럽게 변하는 것을 분석하기 위해 1970년 처음 개발된 수학의 한 분야다. 이것은 일어나고 있는 상황을 설명할 수 있는 깔끔한 질적 방법이었지만, 수학적 한계로 인해 양적 도구로서 적용 가능한지 의심받았다.

카오스 이론이나 복잡성 이론처럼 파국 이론 또한 개의 행동부터 기차표 가격에 이르기까지 다양한 종류의 주제를 다루지만, 이것은 이전의 두 이론보다 훨씬 이해하기 쉽다는 점에서 앞의 두 가지 이론과 구분된다. 참사 또는 재앙을 뜻하는 단어 'catastrophe'는 카오스처럼 고대 그리스에서 기원한다. 카오스는 세계가 창조되기 이전의 태고적 상태를 말하지만, 재앙은 극적인 사건의 결말을 가져오는 돌발스러운 상황의 변화를 뜻했다.

이 단어가 16세기 후반에 영어로 사용되기 시작했을 때는 그리스인들이 사용했던 것처럼 재앙 같은 해피엔딩으로 쓰였을 것이다. 셰익스피어의 작품에는 재앙이 네 번 사용되었다: '오래된 희극의 재앙'(『리어왕』)과 '결혼의 재앙'(『사랑의 헛수고』), 세 번째는 명확하지 않고(『끝이 좋으면 다 좋아』), 마지막은 『헨리 4세』 2부에 등장해 '네 재앙과 같은 그곳을 간지럽힐 거야(I'll tickle your catastrophe)'라는 문구에서 엉덩이를 완곡적으로 표현하는 어법으로 사용된다.

수 세기가 지나면서 catastrophe라는 단어는 갑작스러운 재난을 나타내는 단어로 고착되어 갔지만, 1971년 수학 분야의 이름으로 선택된 것은 갑작스럽고 불연속적인 도약이라는 기존의 의미를 따라 채택된 것이다. 기본적인 아이디어는 간단한 그래프로 표시할 수 있다(다음 페이지의 도해 참조).

수평과 수직축을 사용해 우리가 통제할 수 있는 어떤 것을 수평축에 두고 (예를 들어, 잠재적으로 공격할 가능성이 큰 개와 근접하거나 우리가 생산하는 제품의 가격) 우리가 영향을 미치려는 변수를 수직축에 둔다

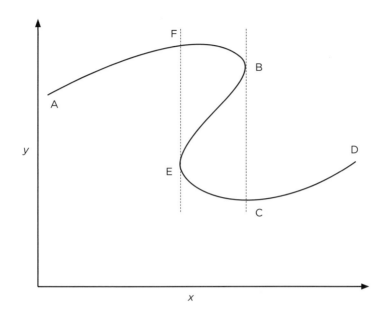

고 가정해보자(개의 공격 또는 수익).

A에서 F까지와 C에서 D까지의 곡선 부분은, 수평 x축의 값이 수직 y축에서 하나의 값에 해당하기 때문에, 곡선 위의 점이 하나씩 위치한다. 하지만 곡선이 F에서 C로 이동함에 따라 x축의 값은 y축의 두 값에 해당한다. A에서 시작해서 점차 곡선을 따라 이동하면서 이것이 실제로 무엇을 의미하는지 살펴보자.

F를 향해 진행함에 따라 모든 것이 분명해진다. y축의 값은 점차 증가하지만 F 이후에는 곧 천천히 감소하기 시작하다가 B에 도착했을 때 돌발 현상이 일어난다. x가 증가할 때 갑자기 C로 급락하게 된다. 모든 x값에 대해 두 개의 y값이 있는 중간 부분에 대해서는 수학

적으로 다가함수를 생성하지만, 실제로 곡선이 자체적으로 되돌아갈 때는 하나의 값만 실현되고, 나머지 하나는 실현되지 않는다. 그 결과 불연속적인 곡선과 돌발적인 급상승 또는 급락이 발생한다.

어떤 사람들은 이것이 지속적인 가격 상승 효과를 설명할 수 있는 경제 모델이라고 보았다. 가격이 서서히 올라감에 따라 수익은 높아지지만, 매출에도 영향을 미친다. 그래프의 F 지점 이후 특정 지점에서 이익이 감소하기 시작하는데, 이때는 가격이 다시 상승할수록 매출이 더 감소하고 이에 따라 이익 또한 감소한다. 마지막으로 B지점에 이르러서는 이 제품을 구매할 의향이 있는 사람이 거의 없기 때문에, 판매 구조가 붕괴되고 이익이 C 지점으로 급락하게 된다.

공격적인 성향을 보이는 개의 경우, 우리가 점점 가까워질수록 조금씩 물러서지만, 위협을 너무나 크게 느끼면 물러서지 않고 공격하게 되는 지점이 있다. 이 투쟁 도피 반응 패턴은 알려진 지 오래되었지만, 파국 이론이 수학적으로 이것을 설명한 첫 사례였다.

그러나 파국 이론의 정말 창의적인 부분은 그 구불구불한 지역의 (이중 값 곡선의) 시작점을 표현하는 방식에 있다. 이 이론의 효과를 살펴보기 위해서는 더 많은 차원을 도입해야 한다. 다음 페이지 도해는 간단한 3차원의 예시다.

z축은 우리가 제어하려는 것을 측정하지만 이것은 x와 y에 영향을 받고, 또 그것들에 영향을 미칠 수 있다. 따라서 이익은 가격과 판매 모두에 따라 달라질 수 있으며 서로 영향을 미친다. 또는 개의 공격 반응은 두려움과 분노에 따라 달라질 수 있다. 이제 단순한 곡선

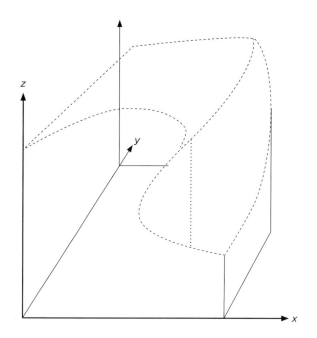

대신 점선으로 표시된 전체 표면을 볼 수 있다. 다시 한번 앞 면에는 두 개의 값을 갖는 곡선이 있지만, 뒷면은 부드러운 단일 값 곡선일 수 있다. 전체 표면은 접힌 카펫 모양이며 접힌 부분은 돌발 현상을 발생시키는 성질이 있다.

파국 이론이 제시된 초창기에는 다양한 문제를 수학적으로 설명 가능한 해결책으로 여겼지만, 1970년대 후반부터 이것이 정말 경제 분야에서 현실을 모델링하는 데 사용될 수 있는지에 대한 의문이 제기되기 시작했다. 이것은 우아하고 기술적인 수학 이론으로 남아 있지만 어디에 적용할 수 있을지는 불분명하다.

CHAPTER 11

어뢰와 화장실과 진정한 사랑

수많은 곳에 적용 가능한 매우 어려운 문제의 해답

—

공중 화장실은 모든 문명의 관심사가 되어야 한다.
사회 표준의 진정한 척도라고 할 수 있는 위생과 청결의 기준이기 때문이다.

- 왕궁 교수, 1995년 홍콩 공중 화장실 국제 심포지엄 개막 강연에서

화장실(Toilet), 어뢰(Torpedo), 진정한 사랑(True love)은 T로 시작하는 단어들이라는 것 외에 어떤 공통점이 있을까? 배우자나 비서나 슈퍼마켓의 대기열 또한 같은 공통점이 있다. 바로 이 모든 주제에 적용할 수 있는 수학적 이론이 있다는 점이다. 우선 어뢰를 사용해 이론을 살펴보자.

이제 당신이 전쟁 중인 잠수함의 선장이고 마지막 어뢰 하나만 남아 있다고 가정해보자. 적 해군의 배들이 지나가고 있으며 당신은 가장 큰 배에 어뢰를 발사하고 싶다. 그 배들이 지나갈 때 하나씩 보면서 크기를 정확하게 판단할 수 있지만, 우선은 총 함대의 숫자 외에

는 적 함대에 대해 아무것도 모른다. 배의 크기에 대해 알고 있지 않기 때문에 배가 지나갈 때 보고 판단해야 한다. 잠수함의 안전을 위해 현재 위치에서 움직일 수 없으므로 적의 선박이 지나갈 때 어뢰를 발사하지 않으면 이후 다시 추격해서 공격할 수 없다. 어떤 전략을 선택해야 가장 큰 함선에 어뢰를 발사할 수 있는 확률을 최대화할 수 있을까?

이 질문은 1950년경부터 수학 분야에 알려져 있었지만, 마틴 가드너가 10여 년 후 〈사이언티픽 아메리칸〉의 수학 문제 칼럼에서 다루면서 대중의 관심을 끌었다. 하지만 어뢰와는 전혀 상관이 없어 보이는 '비서 문제'라고 불렸다. 다음의 문제를 살펴보자.

신속하게 비서를 채용하고자 하는 채용 담당자는 여러 지원자를 살펴보고 있다. 한 명씩 인터뷰하는데 인터뷰가 끝날 때 '연락을 주겠다'라고 말할 수 없고, 지원자를 집으로 돌려보내면 다시 고용하기로 마음을 바꿀 수 없기 때문에, 바로 그 자리에서 고용을 결정해야 한다. 잠수함의 선장과 마찬가지로 담당자는 지원자가 몇 명인지만을 아는 상태에서 최상의 후보를 선택할 수 있는 확률을 최대화하는 것이다.

이 문제는 여러 버전이 있고, 그중에는 음악 축제에서 가장 깨끗하고 위생적인 화장실을 선택하는 것이나, 모든 사람 중에서 배우자를 (또는 진정한 사랑을) 선택하는 문제도 있다. 이 경우 우리는 화장실을 사용하지 않고 지나치거나 잠재적인 배우자를 거절할 경우, 나중에 다시 돌아올 수 없을 것이라고 가정한다. 슈퍼마켓에서 가장 짧은 대기열을 선택하는 것도 또 다른 예시다(물론 지나간 대기열로 돌아가는 것은 허용되지 않는다).

이 모든 문제를 해결하는 가장 좋은 전략은 맨 앞의 몇 후보들을 기준으로 이후의 후보들을 평가하는 것이다. 바로 처음 몇 후보들은 그냥 지나친 뒤, 그전에 본 것보다 기준에 더 잘 맞는 후보를 찾은 경우 바로 선택하는 것이다.

잠수함 선장의 사례로 돌아가서 적 군함 몇 척을 보낸 뒤, 그 함선들보다 더 큰 첫 번째 함선에 어뢰를 발사해야 한다. 최적의 전략을 세우고 일반화하기 전에, 우선 적 함대에 함선이 다섯 척 있다는 것만 알고 있는 특정 사례에 대해서 살펴보자. 크기순으로 각 함선을 1, 2, 3, 4, 5번 함선이라고 부르지만, 이 함선들이 지나가는 순서는 알지 못한다.

함선 다섯 척 중 어떤 하나가 먼저 지나가게 되고, 나머지 함선 네 척 중 하나가 두 번째로 지나가게 된다. 그다음에는 함선 세 척 중 하나가 세 번째로 지나가게 되고, 남은 함선 두 척 중 하나가 네 번째로 지나가며 마지막 함선이 지나가게 된다. 총 120가지($5 \times 4 \times 3 \times 2 \times 1$) 순서로 함선 다섯 척이 지나갈 수 있으니 몇 가지 전략을 시도해보자. 우선 맨 처음 지나가는 함선은 그대로 보내고 그 뒤의 함선 중 처음 함선보다 큰 첫 번째 함선에 어뢰를 발사한다고 가정해보자.

4번 함선이라고 부르는 두 번째로 큰 함선이 제일 처음 지나갔다면, 확실하게 가장 큰 함선을 찾아서 침몰시킬 수 있을 것이다. 함선 4가 처음 지나가는 경우는 120개 중 24($4 \times 3 \times 2 \times 1$)가지다. 또한, 1, 2,

3번 함선 중 하나가 가장 먼저 지나가고 그 후 5번 함선이 두 번째로 지나간다면 18가지의 경우(1, 2, 3번 함선 각각 6회씩)에 확실하게 가장 큰 함선을 침몰시킬 수 있을 것이다. 그렇지만 5번 함선이 세 번째로 지나간다면 처음 두 함선이 (2, 1), (3, 2), 또는 (3, 1)번 함선일 때에만 가장 큰 함선을 잡아낼 수 있다(4번 함선이 가장 먼저 지나가는 경우는 이미 계산에 포함되었다). 다른 두 가지 가능한 경우는 (3, 1, 2, 5, 4) 또는 (3, 2, 1, 5, 4)가 있다.

그렇다면 총 24+18+6+2=50가지 경우에 가장 큰 함선을 잡아낼 수 있다. 물론 이것은 첫 함선을 그냥 지나가도록 두는 가정하의 결과다. 만약 두 번째 함선도 그냥 지나가도록 두면 어떤 결과가 일어나는지 살펴보자. 이 경우 5번 함선이 첫 번째 또는 두 번째로 지나갈 경우 잡아낼 수 없지만, 그렇게 지나 보낼 확률보다 더 큰 확률로 5번 함선을 잡아낼 수 있다. 실제로 120가지 가능한 경우 중, 52가지 경우에서 가장 큰 함선을 잡아낼 수 있다. 하지만 함선 세 척을 통과시키게 되면, 34번의 경우에만 성공한다. 즉, 두 척의 함선만 지나가게 하는 것이 최적의 전략이다.

그러니 N개의 함선이 지나갈 때 K만큼의 함선을 그냥 보내면, 몇 가지 경우에서 가장 큰 함선을 잡아낼 수 있는지 생각해보자. 이 문제를 해결하는 데 사용한 수학은 이것보다 훨씬 더 어렵지만, 우선 다음의 이론을 통해 어떤 방식으로 문제가 해결되는지 개념을 알 수 있다.

우리가 선택한 전략은 두 가지 경우에 뒤집히게 된다. 가장 큰 함선이 첫 K 함선에 포함되는 경우와, K 이후에 지나가지만 첫 번째 K 에 있는 함선들보다 더 큰 함선이 가장 큰 함선보다 먼저 지나가게 되는 것이다(예를 들어, 3, 1, 2, 4, 5 순서로 지나가게 되면 K=1, 2, 3의 경우 4가 앞의 3, 1, 2보다 더 크고 5보다 더 먼저 지나가기 때문에 우리는 4번 함선을 선택하게 된다). 이제 가장 큰 함선을 잡아낼 확률을 계산해보자.

함선이 무작위 순서로 통과한다고 가정하기 때문에, 가장 큰 함선이 N가지 순서 중 어떤 하나에 있을 확률은 모두 같다. 즉, 특정 순서로 지나갈 확률은 모두 $1/N$이다. 이건 쉬웠다. 이제 이해하는 데 오래 걸리는 문제를 살펴보자.

언급한 것처럼 가장 큰 함선이 처음 K 위치 중 하나에 있다면 안타깝게도 놓치게 된다. 그러나 K+i번째 위치에 있고 i는 0보다 크고 N-K와 같거나 작다고 할 때 어떤 일이 일어날까? (K+i=N이라면 가장 큰 함선이 마지막에 지나가는 것에 해당한다) 첫 번째 경우인 i=1은 간단하다. 가장 큰 함선이 K+1번째 위치로 지나가면 앞의 함선들보다 더 크기 때문에 어뢰 공격을 받게 된다. 하지만 i값이 커질수록 문제가 까다로워진다. 이런 경우 K+1과 K+i-1 사이에 어뢰를 발사하지 않은 경우에만 가장 큰 함선을 잡아낼 수 있다. 그러니 첫 K+i-1 함선들을 중점적으로 살펴보자. 만약 K+i-1 함선 중 가장 큰 함선이 첫 K에 있다면 문제가 없다. K 함선을 모두 무시한 뒤 가장 큰 함선을 잡아낼 수 있을 것이다. 하지만 K보다 더 뒤에 지나가게 된다면 그 함선을 향해 어뢰를 발사하게 되고 K+i에 있는 가장 큰 함선은 공격할 수 없게 된다.

전체적으로 가장 큰 함선이 특정 위치에 있을 확률이 $1/N$인 것처럼, 첫 번째 K+i-1 함선 중 가장 큰 함선이 K+i-1 위치 중 하나에 있을 확률은, 동일한 논리로 1/(K+i-1)이 된다. 따라서 그 함선이 처음 K에 있을 확률은 K/(K+i-1)이고, K+i에 있는 가장 큰 함선을 공격하기 전에 어뢰를 낭비했을 가능성은 (i-1)/(K+i-1)이다.

이제 K/(K+i-1)에 1/N을 곱해서 가장 큰 함선이 K+i 위치에 있을 확률을 구할 수 있다. 마지막으로 1부터 N-K까지의 모든 i 값에서 구한 확률을 더해주면 된다.

이 식의 모든 항에는 1/N과 K가 포함되어 있으므로 목표를 달성할 확률 P의 방정식을 매우 간단하게 정리할 수 있다.

$$P = \frac{K}{N}\left(\frac{1}{K} + \frac{1}{K+1} + \frac{1}{K+2} + ... + \frac{1}{N-1}\right)$$

N=5이고 K=2인 위의 예제를 대입해보면 우리가 얻었던 52/120과 동일한 값을 얻을 수 있다.

$$P = \frac{2}{5}\left(\frac{1}{2} + \frac{1}{3} + \frac{1}{4}\right) = \frac{2}{5}\left(\frac{13}{12}\right) = \frac{26}{60}$$

그러나 진짜 중요한 질문은 주어진 N에 대해 P를 최대화하는 K의 값을 결정하는 것이다. 즉, 우리가 함선이나 슈퍼마트의 대기열이나 화장실을 선택하기 전에 몇 개나 지나쳐야 하는지에 대한 문제다. 이에 대한 답은 미적분과 관련되어 다소 복잡하지만, 우아한 수학이 필요하기 때문에 풀이 과정은 통과해도 좋다. 하지만 이 문제의 결론은 주목할 가치가 있으며, 사람들이 보이는 것보다 더 높은 수학적 지식을 겸비하고 있다는 안심스러운 증거를 제시한다.

$$P = \frac{K}{N}\left(\frac{1}{K} + \frac{1}{K+1} + \frac{1}{K+2} + ... + \frac{1}{N-1}\right)$$

괄호안의 부분은 log(N/K) 값에 대한 근사치로 알려져 있다(이 책에서 다루기에는 너무 기술적이기 때문에 그 증명은 넘어가도록 하자). 그리고 여기에서는 학교에서 다루었던 상용로그(밑=10)가 아닌 자연로그(밑=e)를 사용하도록 한다. 따라서 근사치를 공식에 적용시키면 다음의 결과를 얻을 수 있다.

$$P = \frac{K}{N}\log\left(\frac{N}{K}\right)$$

또는 더 정리하면 다음과 같다.

$$P = x\log\left(\frac{1}{x}\right), \quad 이때 \; x = \frac{K}{N}$$

e와 초월수

수학의 정글에서 자연적으로 발생하는 모든 숫자 중에 눈에 띄는 숫자 두 개가 있다. 모든 사람들은 원의 원주와 지름의 비율을 알고 있다. 바로 파이라고 읽는 π는 둘레를 뜻하는 그리스어 perimetros에 어원을 둔다. 하지만 매우 중요한 다른 숫자는 그 중요성에 비해 훨씬 덜 알려져 있다.

우리가 e라고 부르는 이 숫자는 빛과 소리의 파동 이론과 양자 역학에도 사용되지만, 확률 이론과 복리 계산에 가장 중요하게 사용된다. 그러나 원주와 지름의 비율처럼 간단하게 e를 사용하는 방법은 없다. 그런 이유로 파이의 수줍은 사촌인 e는 무대 뒤에서 역할을 한다.

아마도 e를 가장 간단하게 나타내는 것은 위대한 수학자 레온하르트 오일러가 1748년경 e를 발견한 수식일 것이다. 당시 그는 복리에 대해 연구하고 있었다. 1년에 100%의 이자로 1파운드를 투자한다고 가정해보자. 그렇다면 연말에 1파운드의 이자를 받아서 총 2파운드를 가지게 된다. 하지만 100%의 이자를 1년에 걸쳐 받는 것이 아니라 6개월마다 50%의 이자를 받거나, 또는 3개월마다 25%의 이자를 받으면, 총 이자 금액이 증가하게 된다. 만약 매일 또는 매시간 또는 매분마다 이자를 받게 되면 어떻게 될까?

각각의 경우 이자가 매번 $\left(100 + \frac{100}{n}\right)$의 비율로 n번의 동일한 시간 간격으로 지급되고 그 이자가 재투자된다고 할 때, 연말에 받을 금액의 총합은 $\left(1 + \frac{1}{n}\right)^n$이다.

n=2(6개월마다 이자 지급)의 경우, 연말에 총 2.25 파운드를 받게 되며, 즉 125%의 이자를 얻은 것이다. N=4의 경우 1년 후 1파운드가 $(1.25)^4$로 증가해서 2.44파운드를 얻게 된다.

이자가 더 자주 지불될수록 더 많은 금액을 받게 되지만, 오일러는 n의 값이 증가하더라도 $\left(1+\frac{1}{n}\right)^n$이 무제한으로 증가하는 것이 아니라, 어떤 한계치에 도달한다는 놀라운 사실을 발견했다. N=100의 경우에는 2.7705이지만, n=1,000은 2.7170이며, n=10,000 또는 100,000은 2.718로 증가한다. 오일러는 이 한계 값에 e라는 이름을 지었다.

e와 π는 여러 가지로 사용되지만, 그 이전의 숫자들과는 조금 다르다. 예를 들어, 정수가 있는데 양의 정수 1, 2, 3, 4, …… 음의 정수 -1, -2, -3, …… 또는 0도 정수로 취급되지만, 어떤 이들은 없음을 나타내는 0은 정수로 취급해서는 안 된다고 주장하기도 한다.

그다음으로는 두 정수 사이의 비율을 나타내는 2/3, 22/7, 1/10,000과 같이 우리가 분수 또는 유리수라고 부르는 숫자들이 있다.

마지막으로 분수로 표현할 수 없고 대수 또는 초월수일 가능성이 있는 무리수들이 있다.

대수는 두 정수 사이의 비율로 표현할 수 없는 $\sqrt{2}$ 같은 숫자다. $x^2=2$나 $x^5=7$이나 $x^5-x=1$에 해당하는 x의 값은 대수라고 할 수 있다. 이러한 수식들이 무리수와 초월수의 주제로 이어지게 된다.

'무리수(irrational=비이성적)'라는 용어는 모순처럼 들린다. 숫자보다 더 합리적인 것이 있는가? 하지만 이런 숫자의 비이성적인 성질은 이것이 논리적이지 않다는 것이 아니라, 다른 두 숫자 사이의 비율로 표현될 수 없다는 사실 때문이다.

기원전 500년경 피타고라스학파의 철학자들은 유리수가 모든 것의 열쇠라고 믿었고, 철학자 히파수스가 2의 제곱근이 유리수가 아니라는 것을 발견했을 때 매우 분노했다고 전해진다. 전설에 따르면 그들은 이 사실을 비밀로 하기 위해 히파수스를 살해했다. 하지만 $\sqrt{2}$가 유리수가 아니라는 것은 매우 쉽게 증명할 수 있다.

만약 $\sqrt{2}$를 어떤 두 정수의 비율 a/b로 나타낼 수 있다고 가정해보자(이 경우 a와 b는 공약수가 없는 정수다). 그러면 $\left(\frac{a}{b}\right)^2 = 2$이기 때문에 $a^2 = 2b^2$이다. 따라서 a^2는 2로 나눌 수 있는 짝수라는 것을 의미하고, 홀수의 제곱은 홀수이므로 a 또한 짝수여야 한다.

그렇다면 또 다른 정수 c를 사용해 a=2c라고 표현할 수 있고 $a^2 = 4c^2$이 된다.

하지만 $a^2 = 2b^2$이므로 $2b^2 = 4c^2$이 되고, $b^2 = 2c^2$이 되어 b 또한 a처럼 2로 나눌 수 있는 짝수라는 결론에 도달한다. 하지만 a와 b는 공약수가 없다는 가정과 모순되기 때문에 a/b는 $\sqrt{2}$가 될 수 없다. QED(증명 종료).

모든 숫자들 중 가장 이색적인 것은 방정식에 대한 해로 표현할 수 없는 e와 π 같은 초월수들이다. 하지만 어떤 숫자가 초월수라는 것을 증명하는 것은 매우 어렵다. 사실 1873년에 이르러서야 프랑스의 수학자 샤를 에르미트가 e가 초월수라는 것을 증명했고, π는 독일의 수학자 페르디난트 폰 린데만이 1882년에 처음 증명했다.

우리가 이 모든 것을 시작했을 때 처음 목표는 주어진 N에 대해 가장 높은 성공 확률 P를 가지는 K의 값을 찾는 것이었다. 이제 약간의 미적분 지식을 가지고 그 결과를 얻을 수 있다. 바로 모든 N에 대해 K/N이 1/e에 가장 가까운 K 값을 선택하면 된다.

또 다시 파악하기 어려운 e가 등장한다. e의 값은 약 2.718에 가까우니 1/2.718(약 37%)에 가까운 함선들이나 슈퍼마켓 대기열이나 잠재적인 배우자나 화장실이나 비서들을 지나 보낸 뒤, 그 대상들보다 더 나은 첫 대상을 선택하면 된다. 그리고 이 전략을 선택할 경우, 우리가 가장 좋은 대상을 선택할 확률이 1/e라는 것도 증명할 수 있다. e의 값을 기억하기 어렵다면 단순히 처음부터 대상 중 3분의 1이 지나가도록 놔두는 전략을 사용해도 결과가 크게 차이 나지 않을 것이다.

음악 페스티벌에 가지 않거나 잠수함을 지휘하지 않는 대부분의 사람에게 이 알고리즘이 가장 유용하게 적용되는 사례는 바로 배우자를 선택할 때일 것이다.

알고리즘

알고리즘은 기본적으로 원하는 목표에 도달하거나 원하는 결과를 얻기 위해 따라야 하는 단계별 지침을 모아둔 것에 불과하다. 모든 요리 레시피는 알고리즘이다. 잘 디자인된 가구 조립 설명서 또한 알고리즘이다. 모든 컴퓨터 프로그램 또한 알고리즘에 해당된다.

그러나 컴퓨터의 창시자인 앨런 튜링이 지적했듯이 컴퓨터는 알고리즘을 사용해야 한다는 틀 때문에 제약된다. 인간의 사고에는 창의성과 지각/판단과 같이 알고리즘을 통하지 않고 인지되는 측면들이 몇 가지 있다. AI 분야의 가장 큰 숙제는 컴퓨터 프로그램으로 그러한 사람의 사고를 모사하는 것이다.

덧붙여 말하자면 '알고리즘'이라는 단어는 바그다드 지혜의 집 일원이었던, 8세기 페르시아의 수학자 무하마드 이븐 무사 알콰리즈미의 이름을 라틴어로 번역한 것에서 유래한다.

위 분석에 따르면 우리는 모든 잠재적 배우자 중 3분의 1을 거부한 뒤, 지나간 사람들보다 더 나은 첫 번째 사람을 선택해야 한다. 하지만 여기에는 우리가 만나게 될 잠재적인 배우자가 몇 명인지 모른다는 문제가 있다. 그래서 우리는 3분의 1이 몇 명에 해당되는지 판단할 수는 없지만, 대신 시간을 기준으로 계산해볼 수 있다. 대부분의 사람들은 19세에서 40세 사이에 배우자를 적극적으로 찾는다. 21년 동안 최고의 배우자를 찾는 셈이다. 따라서 가장 좋은 전략은 첫 번째 21/2.718년 동안 잠재적 후보자를 평가한 다음, 그다음에 가장 좋은 첫 사람을 선택하는 것이다. 이 기간이 약 7.8년 동안 진행됨으로, 19세에 시작한다고 가정할 때 26.8세가 될 때까지 기다리는 것이 가장 높은 확률로 가장 좋은 결정을 한다는 것이다.

최근 영국의 설문조사에 따르면 결혼한 부부의 평균 연애기간은 4.9년이므로, 26.8세까지 될 때까지 기다린 뒤 연애를 4.9년 한다고 하면 약 31.7세에 결혼을 하게 된다.

놀랍게도 영국 여성들의 평균 결혼 연령(초혼)이 31.5세이고 남성은 33.4세다. 즉, 여성은 거의 완벽하게 최적화된 전략을 사용하고,

남성들은 약 2년 정도 더 시간을 보낸다는 것이다. 남성과 여성의 평균 연령 모두 최적의 전략을 따른다고 할 수 있을 정도로 수학적 예측 값에 가깝다.

흥미롭게도 수학은 최선의 결과를 얻을 확률이 37%라는 것을 알려준다. 이는 결혼한 커플의 63%는 차선책을 선택했다는 것을 의미하지만, 영국 통계청에 따르면 결혼한 커플 중 42%만 이혼한다. 물론 공식적으로 그들이 차선책을 선택해서 결혼했기 때문에 이혼했다는 의견은 받아들여지지 않았다.

CHAPTER 12

공식 제조법

뉴스에 실린 믿을 수 없는 공식들

—

어떤 공식들은 너무 복잡해서 쳐다보기도 싫다.

- 밥 딜런, 인터뷰, 2009년

신문은 공식을 사용하길 좋아한다. 공식을 포함한 글은 학식 있는 것처럼 보이고 페이지에서 눈길을 끈다. 또한, 대부분의 독자들은 그걸 이해하지 못하기 때문에 어느 정도 감명받는다는 느낌을 받고 넘어간다. 하지만 이 공식들은 의미가 없거나 부정확하거나 횡설수설한다고 느낄 정도로 잘못 표현된다.

구글 뉴스 페이지의 검색창에 '완벽한 공식'이라는 문구를 입력하면 2만 6,000개 이상의 검색 결과가 나타난다. 완벽한 차 또는 커피 한잔의 공식, 완벽한 스포츠 브라 공식, 완벽하게 다진 파이 공식, 완벽한 크리스마스 노래 공식, 완벽한 치즈 샌드위치 공식, 완벽한 휴일 공식, 완벽한 팬케이크 던지기 공식, 완벽하게 비스킷을 적시는 공식 등이 있다. 완벽하다는 주장에도 불구하고 상당히 부족한 부분들이 많이 보이지만, 그런데도 광고 단체는 언론인과 신문 편집자들이 그런 것에 열광한다는 것을 잘 알기 때문에 지속적으로 만들어진다.

방정식과 공식

나는 2019년 말에 '터키 없이 동부 지중해 방정식이 가능한가'라는 뉴스 기사를 읽었다. 또 한편으로는 미식 축구 보도에 따르면 네브래스카의 '승리의 방정식에 타이트엔드가 필요하다'고 했고, 뉴욕의 한 신문에서는 '튼튼한 경제가 탄핵 방정식에 미치는 역향'에 대한 논설을 부았다

언론인들은 그럴듯한 수학적 타당성을 추가하기 위해 '방정식'을 사랑하지만 위의 모든 것은 엄밀한 의미에서 방정식이 아니다. 방정식은 등호를 가운데에 둔 두 표현식으로 구성된 수학적 문장이다. 예를 들자면,

$$(x + y)^2 = x^2 + 2xy + y^2$$

은 방정식이다. 아인슈타인의 에너지 공식

$$E = mc^2$$

또한 방정식이다.

하지만 동부 지중해 방정식, 미식 축구 방정식, 탄핵 방정식은 방정식이 아니다. 굳이 수학적 용어를 쓴다면 다른 의미와 목적을 전달하기 위해 쓰이는 용어인 공식이라고 표현할 수는 있을 것이다.

공식은 보통 기호로 표현되는 수학적 규칙으로서, 측정할 수 있는 값에서 모르는 것을 계산하는 방식이다.

아인슈타인의 방정식 E=mc² 또한 질량 m과 빛의 속도 c를 사용해 에너지 E를 계산하는 공식이라고 볼 수 있다.

$F = \frac{9C}{5} + 32$ 또한 섭씨온도를 사용해 그에 해당하는 화씨온도를 얻는 공식이다.

공식은 등호의 한쪽에는 우리가 알고 있는 것을 넣고 반대쪽에는 우리가 구하고자 하는 미지수를 넣는, 수학적인 알고리즘이자 특정한 종류의 방정식이다.

다음은 공식의 몇 가지 예시다.

$V = \frac{1}{3}\pi r^2 h$ 는 높이 h와 밑변의 반지름 r을 사용해 원뿔의 부피 V를 구하는 공식이다.

$A = 4\pi r^2$ 는 반지름 r을 사용해 원의 면적 A를 구하는 공식이다.

$x = \dfrac{-b \pm \sqrt{(b^2 - 4ac)}}{2a}$ 는 ax²+bx+c=0의 방정식에 대한 해를 계산하는 공식이다.

공식을 '방정식'이라고 설명한 보도를 너무나도 많이 보았기 때문에 이 둘을 구분하고 넘어가고자 제시했다. 공식을 방정식이라고 부르는 것은 기술적으로 틀리지는 않았지만 목적과는 다른 인상을 주게 된다. 방정식은 등호 양쪽에 있는 두 표현식이 같고, 그것을 보는 우리는 양쪽에 같은 무게를 둔다. 공식은 여러 정보에서 하나를 구할 때 사용하는 특수한 경우다. 공식은 방정식의 종류라고 할 수 있지만, 모든 방정식이 공식인 것은 아니다.

나 또한 이런 공식 중 일부를 만들었다는 고백을 해야 할 것 같다. 변명하자면 나는 광고주들에게 좋은 인상을 줄 수 있는 그럴싸한 수학적 기호를 사용하지 않고 제대로 된 통계적 기법들을 사용했다.

나는 앞에서 이미 여성의 아름다움을 설명하는 공식을 만들었던 과정을 설명했다. 하지만 내가 만들었던 공식 중 가장 좋아하는 또 다른 하나는, 경마 베팅 사이트가 국가보험에서 어떤 숫자를 선택하는 게 가장 좋을지 도와주는 공식을 만들어달라고 요청한 것에서 시작한다. 당연히 나는 복권의 가장 중요한 기능이 무작위적인 성질이기 때문에 수학이 도움이 되지 않는다고 지적했지만, 어떤 경주마가 이길지 예측하는 데 도움이 될 만한 수학적 공식을 만들 수 있는지 알아보겠다고 제안했다.

경마에 대한 지식과 상관 없이 대장애물 경마 역사상 모든 우승마의 이름을 분석해 이름에 단어가 몇 개 있는지, 글자가 몇 개 있는지, 이름이 어떤 알파벳으로 시작하는지 기록해보았다. 그 결과 놀랍게도 우승마의 이름은 R로 시작하는 것이 가장 많았고, A, S, M이 그 뒤를 이었으며, 이름이 한 단어로 된 말이 두 단어 또는 세 단어로 된 말보다 더 결과가 좋았다는 것을 알 수 있었다. 또 놀랍게도 우승자들은 대부분 이름이 8~10개 글자로 되어 있었고 9글자가 가장 많았다.

내가 말에 대해 가지고 있는 정보 중 정량화할 수 있는 유일한 정보가 나이였기 때문에, 첫 글자와 이름의 단어 수와 이름의 글자 수와 말의 나이를 기준으로 한 점수 시스템을 고안해 각각의 항목에 최대 4점을 할당했다. 즉, 모든 말은 최대 16점을 받을 수 있는 점수 체계를 통해 평가되었고, 이 시스템을 사용해 이길 가능성이 가장 높은 말을 선택해보았다.

거의 모든 영국 신문에 내 분석에 관한 기사가 실렸고, 친구 중 한 명은 너무나도 감명받은 나머지 내 세 가지 팁에 약간의 베팅을 했다. 기쁘게도 그는 9펜스를 땄다는 소식을 전해왔다.

물론 말의 이름이 우승하는 데 있어서 큰 역할을 할 것 같지는 않지만, 내 시스템은 적어도 어느 정도의 진위성을 가지고 있었다. 심리측정학은 지능이나 성격의 다양한 측면을 측정하는 테스트를 고안한 다음, 그 테스트가 측정하려는 성격을 많이 가지고 있는 사람과 그렇지 않은 사람을 잘 구분하는지를 확인하는 과정에 기반한다.

테스트가 그런 성능을 보일 때 적절한 회귀분석을 통해, 가장 효과적인 방식으로 성격이 좋은 사람들을 선택하는 공식을 얻을 수 있다. 나는 말의 이름을 가지고 회귀분석 공식을 얻었다. 정말 제대로 하기 위해서는 절반의 우승마를 사용해 점수 시스템을 만든 뒤, 다른 절반에도 잘 적용되는지 확인해 검증을 시도했지만, 그 결과가 재미를 떨어뜨릴 것 같다.

내 공식이 우승마를 뽑는 데 그다지 성공적이지 않았을 수는 있지만, 최소한 이 공식은 점수를 계산할 때 따라야 할 명확한 규칙을 제시한다. 신문에 '공식'이 발표될 경우, 보통 그런 규칙은 보이지 않으며 항상 '순수 수학 교수' 또는 '저명한 심리학자'가 만들었다는 의미 없는 말과 함께, '비밀'을 '공개'라는 의미 없는 단어를 사용한다.

2016년 발표된 '완벽한 쇼핑 여행을 위한 공식'은, '내가 가고자 하는 장소로 길을 잘 찾는 것'과 '처음 입어본 옷을 좋아하는 것' 또는 '좋은 물건을 구매하는 것' 등의 20가지 바람직한 특성들을 나열해 둔 것에 시나시 않았나. 어떤 공식들은 이런 식으로 단순히 추천하는 아이템의 목록에 지나지 않을 수도 있다.

또는 2008년에 공개된 '완벽한 농담 공식'처럼, 다루기 힘든 질문을 말도 안되게 단순화한 것일 수도 있다.

$$x = \frac{(fl + no)}{p}$$

이 공식은 농담의 우수성 x를 펀치 라인의 재미(f)와 빌드업의 길이(l)을 곱한 값에, 누군가가 넘어지는 수(n)에 육체적 고통 또는 농담이 야기하는 사회적 당혹감(o; "ouch")을 곱한 수를 더한 뒤, 재미를 떨어뜨리고 한숨이 나오게 하는 것을 측정한 말장난 요소(p)로 나누어 계산한다. 그들은 어떻게 이 수치들이 측정되는지 또는 어떤 값이 좋은 농담의 점수에 해당하는지 등을 전혀 설명하지 않았다.

2015년에 널리 발표된 '완벽한 비행 공식'은 어떻게 지나치게 단순화된 공식이 언론의 관심을 사로잡는지 보여준다. 그 간단한 수식을 살펴보자.

$$F = (T + L - 30)\frac{P}{100}$$

이 공식은 시간(T), 레그룸(L), 시간 엄수(P)의 측면에서 비행의 우수성 F를 산출한다. 적어도 이 기사는 해당 요소들을 계산하는 방법들을 정확하게 설명했다. 낮 비행은 10점, 야간 비행은 5점, 오후 비행은 3점에 해당하고, L은 레그룸 길이(28~40 범위)이며, 시간 엄수 P는 해당 항공사의 항공편이 정시에 도착하는 비율을 뜻한다. 따라서 T+L-30의 최댓값은 20이고 P/100의 최댓값이 1이므로, F는 0과 20 사이다. 15점 이상일 경우 좋은 비행으로 볼 수 있고 완벽한 비행은 20점을 받을 것이다. 하지만 안타깝게도 이 공식은 옆에 앉은 사람의 행동, 기내음식의 수준, 승무원의 친절함, 다른 승객의 소란스러움 등 비행의 우수성 평가에 기여할 수 있는 수많은 다른 것들을 고려하지 않는다.

때로는 공식이 너무 극단적으로 이동하거나 복잡해져서 이해할 수 없는 때도 있다. 2012년 다수의 영국 신문에 다음과 같은 '완벽한 휴가 공식'이 발표되었다.

$$((N(d)\mu(d)-40)(r))/(o(b)((C(d)-\mu(d))N(d)-41/40c))(41c.a)/[40]^2$$

이 공식을 의뢰한 호텔이 수학자에게 공식을 받았을 때는 어땠는지 모르겠지만, 이것이 신문에 실렸을 때는 말도 안 되는 것으로 바뀐 것이 분명하다. N(d)는 1년 동안 d일 만큼 휴가를 보낼 수 있는 횟수를 뜻하고, C(d)는 휴가 일수 d에 따른 소요 비용을 나타내고, μ(d)는 휴가를 가면서 느끼는 불안감 수준을 나타낸다고 이야기해주더라도, 이 공식을 이해하는 데 도움이 되지 않으며 다른 변수들도 마찬가지다.

2004년 길스 윌슨은 BBC 온라인 뉴스 매거진에 이런 공식에 대한 매우 훌륭한 글을 기고했다. 그는 신문에 엉뚱한 수학이 과잉되어 나타나는 것을 몇 가지 예를 통해 제시한 뒤, '완벽한 공식을 위한 공식'을 제안했다:

$$H = O \; (f + \mu) + S$$

이 공식은 어떤 공식이 생성하는 헤드 라인의 수 H를 O(설명하려는 사람의 행동의 평범성)와 f(공식이 산출될 때 설명되지 않은 부분)와 μ(적절하게 과학적으로 보이는 기호의 존재 유무)와 S(진취적인 홍보 부서를 가진 스폰서 보유 여부)로 나타냈다.

나는 원론적으로 이 공식에 동의하지만, (f+μ)에서 f는 공식의 길이와 변수의 수에 따라 변하도록 정교하게 만들 수 있고, μ는 변수의 길이 또는 제곱근이나 그리스 문자 또는 지수 등이 사용되면 추가 점수를 주는 식으로 확장하는 것을 제안한다.

완벽한 공식을 위한 공식을 제외하고 가장 유망한 공식은 아마도 2006년 맨체스터 메트로폴리탄 대학이 제시한 '완벽한 엉덩이'를 계산하는 공식일 것 같다.

$$\frac{(S+C)(B+F)}{(T-V)}$$

이 공식에서 S는 모양, C는 어느 정도 원에 가까운지에 대한 점수이고, B는 탄력, F는 견고함, T는 피부 질감, V는 엉덩이와 허리의 비율을 뜻한다. 이 중 첫 다섯가지는 0에서 20까지의 척도로 평가되며, 공식의 값이 80에 가까울수록 엉덩이가 더 완벽하다는 것을 뜻한다.

하지만 이 공식이 발표되기 10년도 더 전에 〈성형수술과 재건 수술〉 학회지에 실린 논문은 훨씬 더 간단한 답을 내놓았다. 이 논문에 따르면 완벽한 허리와 엉덩이 비율이 0.7이어야 한다고 하며, 나는 개인적으로 충분한 최종 결과라고 생각한다.

CHAPTER 13

원숭이의 수학

진화적 관점에서의 산술 능력

—

내가 대화를 나눈 일부 아메리카인들은 (적당히 빠르고 이성적이었던 사람들이지만)
우리처럼 천까지 셀 줄을 몰랐다. 그들은 천이라는 숫자에 대해
뚜렷하게 이해하지는 못했지만 20까지는 아주 잘 계산할 수 있었다.

– 존 로크, 『인간지성론 1』, 1689

이 책의 이전 장에서는 모두 인간이 얼마나 숫자에 약할 수 있는지 또는 비합리적일 수 있는지 다양한 측면에서 다루었다. 카오스 이론의 복잡성을 이해하지 못하는 것에서부터, 단순한 백분율을 다루면서 실수하는 것에 이르기까지 우리 대부분은 끊임없이 숫자에 발이 걸려 넘어지고 있다. 그러나 몇몇 인류학자들이 발견한 것처럼 일부 사회는 숫자를 거의 사용하지 않기 때문에 그러한 문제로 고통받지 않는다.

존 로크가 브라질의 한 작은 부족에 대해 다루면서 지적한 것처럼, 수학적 능력의 '부족'은 우리가 원시적이라고 생각했던 사람들에

게서만 일어나는 것이 아니다: '투오위피낭보스(Tououpinambos) 사람들은 5를 넘어서는 숫자에 해당하는 명칭이 없다. 그 이상의 수를 나타내기 위해서는 자신의 손가락을 다 사용한 뒤 다른 사람의 손가락을 추가해서 나타낸다.'

1986년 브라질의 피라항족에 대해 글을 쓴 다니엘 에버렛은 그들에게는 1과 2를 나타내는 단어는 있지만 더 큰 숫자는 없다고 말했다. 나중에 에버렛은 피라항족의 언어에는 숫자 단어가 전혀 없고, 실제로 그가 1과 2를 나타낸다고 생각한 것은 '소량'과 '더 많은 양'을 나타내는 의미로 판단된다며 자신의 견해를 수정했다. 피라항족에게 숫자를 세는 방법을 가르치려고 시도했지만, 그들은 주로 숫자의 개념에 전혀 관심이 없었기 때문에 큰 성공을 거두지 못했다. 사실 그들은 숫자를 아예 모르는 수준으로 수학에 약하지는 않지만, 그저 정확하게 수를 세어야 할 필요가 없는 것뿐이다. 실제로 그들의 언어가 아닌 다른 언어를 나타내는 단어가 있는데, 그 단어는 '사기꾼 같은 머리'를 의미하며 숫자를 세는 데 시간을 낭비하는 다른 문화들을 비웃고 낮추어보는 그들의 태도를 나타낸다.

최근까지도 숫자를 세는 개념을 추상화하는 것이 인간의 지성을 나타내는 것이면서 인류의 진화 발전의 중요한 측면으로 여겨졌다. 결국, 숫자는 우리에게 정확하게 계산할 수 있는 능력을 제공하기 때문에 생존에 더 적합한 특징이어야 한다. 하지만 최근 여러 동물 연구를 통해 다양한 동물들이 숫자를 세는 능력이 있다고 확인되었다.

예를 들어, 도롱뇽과 개구리는 3개와 4개를 구분하지는 못하지만,

1개와 2개 또는 2개와 3개의 개체를 구분하는 능력을 보여주었다. 반면에 벌들이 서로 다른 수의 점으로 표시된 터널을 지나가도록 한 연구를 보면, 꿀벌은 5까지 셀 수 있는 것으로 나타났고 특히나 꿀벌은 0이라는 개념을 이해하는 것으로 보인다. 또한, 꿀벌은 잘못한 것에 대해 처벌을 받으면 더 빨리 학습하는 것으로 나타났다.

말과 거미와 곰과 사자와 까마귀와 심지어는 3일 된 병아리도 인간과 가까운 원숭이나 침팬지처럼 셈 능력을 갖추고 있는 것으로 나타났다. 그중 가장 놀라운 결과는 2005년에 수행된 꼬리감는원숭이에 대한 실험에서 나타났다.

예일 대학교의 경제학자 키쓰 첸과 동 대학의 심리학 교수인 로리 산토스는 자신들이 연구하는 동물들이 영리하다는 것은 알고 있었지만, 돈의 개념을 이해할 정도로 영리한지 궁금했다. 따라서 그들은 중간에 구멍이 뚫린 은색 동전을 만들어 원숭이들에게 이것을 사용해 과일 조각으로 교환할 수 있다는 것을 가르쳤다. 꼬리감는원숭이들에게는 이 개념이 이상하므로 배우는 데까지 시간이 좀 걸렸지만, 일단 개념에 익숙해진 이후에는 경제적 능력을 평가할 수 있었다.

첫 번째 실험을 위해 원숭이들은 각각 한 줌의 동전을 받은 뒤 '시장'에 입장했다. 다양한 연구원들이 서로 구별하기 쉬운 옷을 입은 채 동전으로 살 수 있는 다양한 음식 접시를 제공했다. 원숭이들은 돈의 개념을 매우 빨리 배웠고, 이내 더 세부적인 실험을 시작하고 그 결과들을 관찰했다. 원숭이가 주어진 모든 돈을 썼고 주변에 놓인 돈을 훔치는 것도 볼 수 있었지만, 그중 가장 흥미로운 것은 돈을 지출한 세부 사항이었다.

초기 실험을 통해 포도와 사과, 젤리의 가격에 따라 원숭이들의 구매 패턴을 확인할 수 있었다. 각 품목의 가치가 확정되고 꼬리감는원숭이들에게 성공적으로 인식된 후에, 각 원숭이는 12개의 동전을 받았고 선호하는 음식 접시를 구입할 수 있도록 시장에 입장했다.

그 후 실험자들은 시장 상인들이 하는 것처럼 가격은 그대로 유지한 채, 사과의 비율을 두 배로 늘리는 세일을 제시했다. 또한, 동시에 원숭이들에게 주는 동전의 수를 12개에서 9개로 줄여보았다. 그 결과 놀랍게도 사과 소비가 (인간에게 적용되는) 경제학의 가격이론에서 예측하는 대로 정확하게 증가했다. 실제로 10회 실험을 진행하는 동안 측정된 원숭이의 사과 소비량은, 이론의 예측치에서 1% 이내였다.

실험에 잘 참여해준 꼬리감는원숭이들에게 박수를 세 번 보낸다. 하지만 첸과 산토스가 인간의 의사결정에서 비합리성을 보여준 아모스 트버스키와 대니얼 카너먼이 고안한 문제 한 쌍을 원숭이에게 적용했을 때 더 놀라운 결과가 나타났다. 3장에서 다룬 일부 사람의 문제와 유사한 것이다.

문제 1: 1,000달러를 받은 뒤 동전을 던질 기회를 제안받았다. 앞면이 나오면 1,000달러를 더 받게 되고 뒷면이 나오면 아무것도 더 받지 못한다. 또는 동전을 던지지 않고 500달러를 추가로 받을 수 있다.

첫 번째 경우에는 2,000달러 또는 1,000달러를 받게 되고 두 번째 경우에는 1,500달러를 받게 된다. 두 경우 모두 평균적으로는 동일하게 1,500달러를 받는다.

이 문제를 이런 방식으로 제시했을 때는 대부분의 사람이 동전 던지기를 선택한다.

문제 2: 2,000달러를 받은 뒤 동전 던지기를 다시 제안받는다. 이번에는 앞면이 나오면 1,000달러를 잃고 뒷면이 나오면 2,000달러를 그대로 받는다. 또는 동전을 던졌을 때 잃을 수 있는 금액의 절반인 500달러를 내고 동전을 던지지 않을 수 있다.

이런 선택지가 제시될 경우 대부분의 사람은 위험을 피하기 위해 500달러를 낼 것이다.

두 문제는 서로 같은 선택지를 제공한다. 첫 번째 경우에는 2,000달러 또는 1,000달러를 받고 두 번째 경우에는 리스크 없이 안전하게 1,500달러를 확보하지만, 사람들에게 제시되는 잠재적인 보상 방식에 따라서 선택이 달라진다.

트버스키와 카너먼은 결과가 비논리적으로 차이 나는 것을 설명하기 위해 '손실 혐오'라는 용어를 사용했다. 문제 1에서 사람들이 동전 던지기를 '보너스를 받을 수 있는' 선택지라고 보았다면, 문제 2에서는 '손실 위험이 있는' 선택지라고 본 것이다.

그렇다면 꼬리감는원숭이들은 그런 상황을 어떻게 받아들일까? 그들은 이미 사과의 경제학을 통해 자신들이 훌륭한 경제학자라는 것을 증명했지만, 사람에게서 나타나는 비합리성을 피할 수 있을까? 이 질문에 답을 찾기 위해 원숭이에게 두 명의 판매원 중 하나를 선택할 수 있도록 실험이 설계되었다.

첫째, 원숭이는 동전당 사과 한 조각을 판매하는 첫 번째 판매원과 동전당 사과 두 조각을 판매하는 두 번째 판매원 중 하나를 선택하도록 했는데, 이때 두 번째 판매원은 거래할 때 무작위로 절반은 한 조각만 넘겨주었다. 이런 노골적인 사기에도 불구하고 원숭이들은 두 번째 판매원이 전반적으로 더 나은 거래를 제안하는 것을 빨리 알아차리고 선호하게 되었다.

그런 다음 판매원들의 행동이 변경되었다. 두 번째 판매원은 여전히 두 조각을 주고 때로는 한 조각만 넘겨주지만, 이제 첫 번째 판매원은 절반의 확률로 한 조각을 추가로 더해주도록 했다. 따라서 평균적으로 두 판매원이 주는 사과의 숫자는 1.5조각이었지만, 원숭이들은 빠르게 선호도를 바꾸어서 종종 사과를 빼앗아가는 두 번째 판매원보다, 종종 사과를 더 얹어주는 첫 번째 판매원을 선호하게 되었다.

다음 버전의 실험에서는 이전과 마찬가지로 첫 번째 판매원은 동전 하나당 사과 한 조각을 보여주고 이제 더는 보너스를 제공하지 않았고, 두 번째 판매원은 두 조각을 보여주었지만 항상 한 조각을 빼고 나머지 하나만 주었다. 다시 말하자면 결과는 같았지만, 이번에는 원숭이들은 첫 번째 판매원을 더 강하게 선호했고 두 번째 판매원의 행동에 공격적으로 반응했다. 한 실험자가 말했듯이 원숭이는 하나만 제외하고는 인간과 똑같은 방식으로 행동했다. 바로 두 번째 판매자에게 똥을 던진 것이었다.

최근 수십 년 동안 철학자들과 심리학자들은 인간의 의사결정이 이성적인 과정과 감정적인 과정이 별개로 작용한다는 견해를 선호했다. 우리가 상황을 분석해 생각하고 합리적인 평가를 하기 전에 주로 감정에 이끌려 즉각적으로 반응하게 된다. 이 두 과정이 서로 다른 결론에 도달하면 감정적인 반응이 시작되는 즉시, 확증편향이 작용하기 시작하기 때문에 보통 감정적 과정이 더 자주 발생하게 된다.

영장류의 진화 초기에는 위험 회피와 관련된 빠르고 강력한 감정적 반응이 생존가치를 높였을 수 있고, 이는 먼 조상들이 위협을 인식하고 신속하게 대응할 수 있도록 했을 것이다. 오늘날 인간의 경제적 위험에 대한 혐오와 원숭이에서 나타나는 유사한 위험 혐오(똥을 던지는 것을 동반한), 모두 우리가 공유하는 진화 과정에서 유래했을 수 있다.

CHAPTER 14

전염병 대혼란

코로나바이러스에 관한 세계의 반응

—

사람들은 숫자 자체에는 별 관심이 없다.
그냥 왜 그 숫자가 높은지에 대해서 이야기하고 싶고
원인을 누군가의 탓으로 돌리고 싶어할 뿐이다.

- 데이비드 스피겔할터, 「코로나바이러스 사망: 영국은 다른 나라들에 비해
어떻게 대응하고 있는가?」, 〈가디언〉, 2020년 4월 30일

2020년에는 지구상의 모든 국가에서 혼란을 야기한 질병이자 새로운 코로나바이러스 변종인 COVID-19의 영향을 설명하기 위해, 단한 번도 볼 수 없었던 숫자의 폭우가 전 세계에 내리게 되었다. 이 숫자들은 매일 질병에 걸린 사람들과 그 감염으로 사망한 사람들의 수와 관련된 것이다.

사람들이 숫자를 이해하려고 노력하는 동안, 정치인들은 결정을 내려야 하는 과제에 직면했다. 수치를 통해 질병이 놀라운 속도로 퍼지고 사망자를 증가시키고 있다는 것을 볼 수 있었지만, 그 비율을 추정하기는 쉽지 않았다. 전염병의 진행은 일반적으로 정확한 통계적

경로를 따르지만, 그러한 경로를 설명하는 수학은 일어나는 일에 대한 정보가 주어진 다음에서야 사용될 수 있으므로, 올바른 결정을 내리는 데 사용하기에는 너무 늦다.

정치인들이 직면한 문제는 어려운 결정을 내리는 것뿐만이 아니었다. 그들은 언론과 힘을 합쳐 무슨 일이 일어나고 있는지를 대중에게 설명해야 했다. 이로 인해 전염병 통계를 읽는 모든 사람은 단기 집중적으로 수학을 공부해야 했고, 가장 처음 주제는 '지수'라는 매우 중요한 단어였다.

성장률

본질적으로 어떤 숫자가 커져갈 수 있는 방법에는 '선형'과 '지수' 두 가지가 있다.

같은 기간에 같은 양만큼 성장하는 것을 선형적 성장이라고 한다. 우리의 머리카락은 한 달에 약 1.25cm의 속도로 자란다. 손톱은 한 달에 약 3.5mm 속도로 자란다. 발톱은 그 비율의 절반 정도의 속도로 자란다. 머리카락이나 손톱이나 발톱을 자를 때까지 일정한 속도로 자라기 때문에, 그 값을 그래프에 그리면 직선이 나타나게 되고 이것을 '선형적 성장'이라고 부른다.

주어진 기간마다 같은 양이 아니라 같은 비율로 증가하는 것을 지수적 증가라고 부르며, 이것은 훨씬 더 흥미로운 특징이 있다. 지수적 성장 그래프를 그리면 점점 더 가팔라지는 곡선이 나타난다. 지수적 성장은 그 성장 속도가 느리더라도 충분히 오랫동안 유지되면 항상 선형적 성장 속도를 추월하게 된다.

'기하학적'이라는 또 다른 형태의 성장이 있는데, 이것은 지수와 매우 흡사하지만 약간 다르다. 기술적인 차이점은 '기하학적 성장'은 불연속적인 점프로 측정되는 증가에 사용되고, '지수적 성장'은 연속적인 증가 값을 설명하는 데 사용된다는 점이다. 하지만 모든 실제 사례들에서 두 용어는 거의 상호 교환해 사용할 수 있다. 실제로 우리는 지수(exponential)적 성장이라는 표현을 더 많이 듣는데, 이것은 그냥 단순히 '지수적'이라는 말이 더 멋지게 들리기 때문이다.

코로나가 등장하기 전에도 엄청난 성장률을 예측할 때 '지수'가 많이 사용되었다. 2019년이 다가옴에 따라 비디오 감시 장비나 성인용 트램펄린 판매 등이 지수적으로 증가할 것이라는 낙관적인 예측과 세계 인구 증가, 미국 이민 수치가 지수적으로 증가한다는 경고 보고서가 있었지만, 이것들은 모두 지수적 증가가 실제로 무엇을 의미하는지에 대해 잘못 이해한 채로 사용된 것으로 보인다. 특히 일부 보고서에는 '2025년까지 지수적 성장'처럼 어떤 연도까지 무엇이 지수적으로 증가할 것이라는 표현이 자주 등장하는데, 앞으로 살펴보겠지만 이것은 작가 또는 기자가 '지수'라는 용어를 이해하고 있지 못하다는 것을 나타내는 경고 신호다. 지수적 증가는 '크다' 또는 '짧은 시간 내에 두 배가 되었다'와 동의어가 아니다. 특히나 COVID-19 전염병을 언급할 때 너무나도 자주 오용되기 때문에 정확하게 어떤 의미로 지수적 증가가 사용되었는지 추측하기가 어렵다.

지수적 성장은 매우 작게 시작할 수 있지만 각 기간 전체에 일정한 비율로 성장하기 때문에, 충분히 오래 기다리면 측정하는 항목이 무엇이건 간에 매우 커지게 된다. 그래서 '2025년까지 지수적 성장'이라는 표현은 무의미하다. 본질적으로 지수적 성장은 특정 순간이 아닌 일정 기간 동안 나타난다. 선형적 성장은 1, 2, 3, 4, 5처럼 매번 같은 양으로 증가하는 성장을 설명하지만, 지수적 성장은 1, 2, 4, 8, 16이 될 수 있으며, 여기에서 연속되는 항은 이전 항의 두 배가 된다. 1, 1.1, 1.21, 1.331, 1.4641 등이 될 수 있고 이때는 이전 항의 1.1배가 된다. 1.1씩 증가하는 지수적 성장은 49항이 지난 후부터 1로 시작해서 1씩 증가하는 선형적 성장보다 더 커진다.

그러나 증가하는 성장은, 특히 높은 비율로 성장하는 경우, 유한한 자원이나 가용한 시장 때문에 성장이 제한될 수 있다. 예를 들어, 1990년대에 전 세계적으로 인터넷 사용자 수가 증가한 것을 생각해보자. 표 1은 매년 말에 측정한 인터넷 사용자 수를 100만 단위로 나타낸 것과 전년 대비 성장 비율(GF)을 보여준다.

표1

년도	인터넷 사용자(100만)	성장 비율
1995	16	---
1996	36	2.25
1997	70	1.94
1998	147	2.10
1999	248	1.69

이 수치는 처음 몇 년 동안은 매년 지수적으로 두 배에 가깝게 증가하지만, 그 후 성장률이 1.69로 떨어지고 다음 해에는 1.46으로 떨어진다. 2년 뒤 시장 포화로 인해 성장률이 1.13으로 줄었으며, 1.09와 1.25 사이에 머무르다가 2017년과 2018년 사이에는 사상 최저치인 1.04를 기록했다. 이때 전 세계 인구의 약 60%가 인터넷을 사용하는 것으로 나타났다.

세계 인구 자체도 한동안 지수적으로 성장한 뒤 감소했다. 표 2는 세계 인구가 특정 이정표를 통과한 년도를 보여준다.

표 2

세계 인구	년도
10억	1800
20억	1927
30억	1960
40억	1974
50억	1987
60억	1999
70억	2012
80억	2023(추정)

표에서 알 수 있듯이 인구가 10억에서 20억으로 두 배가 되는 데 127년이 걸렸지만, 다음 두 배인 40억으로 증가하는 데는 47년밖에

걸리지 않았으며, 그 후 49년이 지난 후에는 80억에 이를 것으로 예상된다. 이 마지막 두 수치는 매우 유사해 지수적 성장을 시사하지만, 이전의 두 배 증가와 비교했을 때 속도가 분명 증가하고 있음이 보인다. 사실 최근 몇 년간 전체 인구 대비 연간 증가율을 살펴보면, 1960년대에는 약 2.2%의 증가에서 지금은 1.1%로 감소했고 여전히 감소 추세가 이어지고 있음을 알 수 있다.

표 2의 마지막 6개의 수치를 보면 세계 인구가 30억에서 80억까지 각 이정표에 도달하는 데 걸린 햇수를 빠르게 계산할 수 있다. 각각 14년, 13년, 12년, 13년, 11년이 걸렸으며, 이는 거의 선형적으로 증가한 것을 강력하게 시사한다.

1950년대와 1960년대에 급속하게 인구가 증가한 주된 이유는 농업 생산성의 향상과 의료 발전 때문이며, 특히나 아동 사망률을 크게 줄이는 데 성공했기 때문이다. 아동 사망률의 감소와 피임이 도입되면서, 여성의 평균 출산율이 1950년 5명에서 현재에는 2.5명 미만으로 감소했다.

이런 사례를 통해 우리가 COVID-19와 연관된 수치들을 해석하는 데 어려움을 겪고 있지만, 사실 숫자만으로는 무슨 일이 일어나는지 적절한 그림을 그리기에 충분하지 않다는 사실을 기억해야 한다. 우리는 이 수치 뒤에 있는 것들을 조사해야 한다.

표 3은 대유행 초기 몇 주 동안 영국에서 COVID-19 진단을 받은 환자들의 주간 사망률로, 이것이 지수적으로 성장하지 않는다는 것을 잘 보여준다.

표 3

날짜	사망	증가율(%)
3월 5~11일	7	----
3월 12~18일	115	1,543
3월 19~25일	694	503
3월26일~4월 1일	3,095	346
4월 2~8일	8,505	175
4월 9~15일	14,915	75
4월 16~22일	21,060	41
4월 23~29일	26,097	24

그러나 초기 일일 수치를 보면, 지수적 성장이 가능하다는 분명한 위협을 볼 수 있다. 3월 13일까지는 보통 하루에 1~2명의 사망자가 보고되었지만 3월 14일에는 10명, 3월 16일에는 20명, 3월 19일에는 40명, 3월 24일에는 87명, 3월 27일에는 181명, 3월 30일에는 374명, 4월 1일에는 670명이 사망했다. 이 수치는 사망자의 숫자가 두배가 되는 데 걸리는 일수가 2, 3, 5, 3, 3, 2일이었음을 보여준다. 즉, 약 3일마다 지수적으로 두 배가 되는 비율에 가깝다.

하지만 그다음 두 배로 증가는 일은 일어나지 않았다. 3월 23일 영국 정부는 국가 봉쇄를 선언했다. 모든 대규모 모임을 금지하고 모든 식당과 오락 장소를 폐쇄하고, 사람들이 가능한 자신의 집에 머무르도록 제한하고, 사회적 격리 조치를 준수하도록 했기 때문에, 질병의 전염 가능성이 급격하게 감소하게 되었다.

COVID-19가 유행한 대부분의 다른 국가들 또한 유사한 조치를 채택했지만, 시행된 조치의 심각성은 상당히 다양했다. 영국 경찰이 사람들에게 자신의 이익을 위해 집으로 돌아가야 한다고 부드러운 말로 권유하는 동안, 남아프리카 공화국은 봉쇄 조치를 위반하는 사람들에게 무거운 벌금을 부과하거나 징역형을 선고할 준비를 하며 7만 명의 병력을 추가로 증원했다.

전염병이 절정에 이르렀을 때 전 세계 인구의 절반 이상이 봉쇄되었고, 그런 조치가 잘 작동하는 것처럼 보였다. 초기 몇 달 동안 질병에 대해 잘 알려진 몇 안되는 사실 중 하나는, 가장 심각하게 질병을 잃는 사람들이 감염에서 사망까지 걸리는 시간이 약 4주에서 5주 사이였다는 것이었다. 따라서 그 정도의 시간이 경과한 후에서야 봉쇄의 효과를 평가할 수 있었다. 그 이후로 확진 감염자 숫자와 사망자 숫자가 줄어들기 시작했지만 여전히 많은 질문들에 대한 답은 얻을 수 없었다.

질병을 예방하기 위한 봉쇄로 발생한 경제적 피해가 단기적 또는 장기적으로든 질병 자체보다 더 클까? 상당히 덜 엄격한 사회적 조치를 채택해, 질병에 가장 취약한 것으로 알려진 사람들에게만 영향을 미쳤더라면 어떻게 되었을까?

문제는 이러한 질문에 비교해볼 수 있는 일이 과거에는 거의 일어나지 않았다는 것이다. 1918~1919년에 유행한 스페인 독감조차도 세계 인구의 3분의 1(약 5억 명)에 영향을 미치고 5,000만 명이 사망했지만, COVID-19만큼의 혼란은 일으키지 않았다. 이 질병은 제1차 세계대전 중에 시작되었고, 전쟁 자체가 훨씬 더 큰 문제였기 때문에 상대적으로 덜 관심을 받았으며, 검역 또는 격리 시도는 산발적으로만 이루어졌다.

그러나 그래프에서 알 수 있듯이 영국은 3세기 반 이전에 매우 유사한 사건을 겪었다.

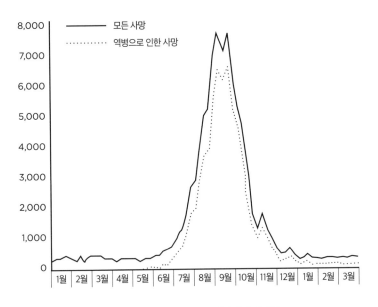

1665~1666년 런던 대역병의 사망률

이것이 보여주는 패턴은 COVID-19 전염병의 패턴과 매우 유사하다. 장기간 동안 천천히 시작했다가 최고점까지 급격히 상승한 다음 이전 상승만큼 빠르게 감소한다. 하지만 이것은 COVID-19가 아니라 1665년 영국 런던을 강타한 대역병의 수치다. 두 정보의 질적 차이는 역병 사망자 수와 모든 원인으로 의한 사망자 사이의 차이에서 볼 수 있다. COVID-19 사망자 수는 영국의 총 사망자 수의 절반을 차지하지도 않았다. 역병이 발생한 최악의 일주일인 1665년 9월 19일부터 26일까지, 런던에서 사망으로 매장된 사람은 총 8,297명이었으며 이중 7,165명(86%)은 역병으로 인한 것이었다.

대니얼 디포의 『페스트, 1665년 런던을 휩쓸다』는 대역병 이후 50여 년이 지나서 쓰였지만, 런던에서 발생한 황폐화를 매우 정확하게 설명했다. 그 모습은 2020년에 일어난 사건과 놀랍도록 유사하다.

2020년 COVID-19를 대처하는 데 어렵게 만든 요인 중 하나는 자신도 모르게 질병을 선파할 수 있는 무증상 보균자의 존재였다. 디포는 1665년 전염병에 대해 이렇게 썼다.

병자들은 자신의 손이 닿는 곳에 있는 사람들을 감염시킬 수 있었기 때문에 그 위험은 무감각하게 퍼져 나갔다. 하지만 사실 감염이 되었을지도 모르지만 그 사실을 모르는 사람이 해외로 나가면 천 명을 전염시킬 수 있고, 그들이 이내 더 많은 사람들을 전염시킬 것이다. 또한 그것에 전염된 사람이 그것에 대해 알고 있지도 못하며, 아마도 며칠 동안은 그 증상을 느끼지도 못할 것이다.

2020년에는 언제 봉쇄가 해제되는지에 큰 관심이 몰렸다. 봉쇄 해제에 대한 우려는, 사회적 거리두기가 끝나면서 감염률이 다시 상승해서 문제가 더 나빠지지는 않더라도 예전처럼 악화될 수 있다는 것이었다. 디포는 이에 대해 다음과 같이 적었다:

[사망] 청구서가 처음 대폭 감소한 뒤, 그다음 두 번의 감소는 이전에 비해 작다는 것을 발견했다. 내가 생각할 때 그 이유는 사람들이 질병이 자신에게 닿지 않을 것이며 설령 감염되더라도 자신들은 죽지 않으리라 생각해, 이전처럼 주의를 기울이지 않고 남을 배려하지 않으며 행해왔던 모든 거리두기를 시행하지 않았기 때문이다.

의사들은 전심을 다 해 사람들의 생각 없는 행동에 반대했다. …… 사람들에게 계속 집에 머물며 평범한 행동에 최대한 주의를 기울일 것을 권고했다. 병이 감소하지만 이전보다 더 크게 유행하고 더 많은 사망자를 낼 수 있는 재유행을 두려워하게끔 하고자 했다;

그 부분을 설명하고 증명하는 많은 주장과 이유를 제시했지만, 여기에서 반복하기에는 너무 길다. 하지만 그런 모든 것들은 전혀 효과가 없었으며, 무모한 사람들은 매주 사망 청구서가 감소하는 것에 대해 만족하며 기뻐하고 놀란 감성에 사로잡혔기 때문에, 새로운 공포가 뚫고 들어갈 틈이 없었다. 죽음의 괴로움이 지나갔다는 생각 외에는 다른 어떤 것도 설득할 수 없었다.

2020년에 봉쇄 명령이 내려진 것처럼 1665년 대역병 당시 런던

시장은 강도 높은 제한을 명령했다. 그중에는 다음이 포함된다;

모든 연극과 곰 사냥과 게임과 노래를 부르는 것과 버클러 싸움처럼 사람들이 모일 수 있는 원인은 완전히 금지되고, 시의회 의원이 자신의 지역구에서 일어나는 모든 파티를 처벌하도록 한다.

이 도시 단체를 포함한 모든 공개 연회와 선술집과 여관과 다른 공공 오락 장소에서의 저녁 식사는 추후 명령과 허용이 있을 때까지 금지되며, 그로 인해 절약된 돈은 보관해 감염으로 인해 피해를 본 사람들을 구호하는 데 사용한다.

마지막으로 1665년에서 현재로 돌아오기 전에 우리는 디포가 자신의 책에 사무엘 피프스를 인용해 '가난하고 비참한 사람들 외에는 아무도 길거리에 없으며', '강 위에 배가 없고', 공기를 정화하기 위해 '도로에 불이 타고 있으며', '낮과 밤에도 역병 환자의 장례식을 알리던 종소리 이외에는 소리가 들리지 않는다'라고 언급한 것을 주목해야 한다.

또한, 피프스는 역병이 사업에, 특히 가발 제작자에게 미칠 수 있는 영향에 대해 적었는데, 이것은 우리가 경제에 대해 걱정하는 것의 17세기 버전이라고 할 수 있다. '역병으로 죽은 사람들의 머리카락이 가발을 만드는 데 사용되어, 감염의 위험이 있다는 두려움 때문에 아무도 감히 가발을 사지 못할 것이다. 그로 인해 역병이 끝난 후 가발과 관련된 유행이 어떻게 변할지 모르겠다.'

2019년 말로 빨리 감기:

2019년의 마지막 날에 중국은 세계보건기구(WHO)에 우한시의 41명에게서 확인된 알 수 없는 폐렴에 대해 보고했다. 그 사람들 대부분은 감염이 시작된 것으로 의심되는 후난 수산 시장과 관련이 있었다. 다음날인 2020년 1월 1일 그 시장은 폐쇄되었다.

사건은 빠르게 진행되기 시작했다. 중국 당국은 1월 7일 '신종 코로나바이러스' 또는 nCoV라 불리는 신종 코로나바이러스를 확인했으며, 1월 11일 첫 사망자가 기록되었다. 중국 이외의 첫 사례는 1월 13일 태국에서 보고되었으며 다른 국가에서 빠르게 뒤를 이었다. 프랑스는 1월 17일에 유럽의 첫 사례를 보고했고, 1월 20일에 미국이 그 뒤를 이었다. 3월 말까지 바이러스는 전 세계적으로 최소 170개국으로 확산되었고 5만 명 이상이 사망했다.

감염 확산 속도를 멈추거나 최소한 감소시키려는 시도가 중국에서는 빠르게 자리를 잡았다. 1월 23일에는 허가 없이 누구도 우한에 들어가거나 나갈 수 없도록 검역소가 배치되었다.

1월 30일 국제 공중 보건 비상사태를 선포했고, 2월 11일에는 신종 코로나바이러스로 인한 질병을 COVID-19(발현 연도를 나타내는 수치)라고 부를 것이라고 발표했다.

2월 21일 이탈리아에서 발병이 시작되어 유럽 최악의 상황이 되었고, 3월 8일에는 국가 격리를 시작해 6,000만 명의 국민 모두를 자택에서 격리하도록 했다. 3일 후인 3월 11일 WHO는 COVID-19 발병을 글로벌 팬데믹이라고 선언했다. 3월 말까지 전 세계 인구의 3분의 1 이상이 어떤 형태로든 봉쇄의 영향 아래 있었다.

시간이 지나야만 이것이 인정사정없지만 필요한 것이었는지, 또는 엄청나게 과잉 반응한 것인지를 알 수 있으며, 바로 그 부분에서 수학이 관여한다. 이런 경우 정책 입안자들은 수학적 모델에 의존해야 한다.

수학적 모델

수학적 모델은 시스템의 다양한 구성 요소의 효과를 연구하고 미래에 일어날 일을 예측하기 위해, 수학적 언어로 된 시스템에 대한 설명이다.

대규모 프로젝트의 비용을 추정하거나, 도시에 필요한 병원의 병상 수, 또는 사람들이 지불해야 하는 세금을 결정하는 것 모두 수학적 모델에 의존한다. 이 컴퓨터 시대에 이러한 모델은 증가하는 변수를 고려하면서 점점 더 정교해졌다. 어떤 경우에는 개별 변수의 효과를 정확하게 평가할 수도 있다. 그러나 다른 경우에는 모델이 불완전한 정보를 기반으로 만들어졌기 때문에, 어떤 일이 발생하는지 확인해 모델의 예측값과 비교한 뒤 모델을 조정해야 한다. 2020년의 COVID-19는 분명히 이런 다른 상황에 해당하는 사례 중 하나다.

영국 정부 대변인은 '우리는 과학에 기반해 결정을 내리고 있다'라고 지치지도 않고 말한다. 문제는 과학은 통계에 의해 인도되어야 하고 통계는 정확한 데이터에 크게 의존하는데, 수집된 자료가 불완전하고 신뢰할 수 없다는 점이다.

COVID-19의 영향에 대한 수학적 모델을 구축하는 것은 수많은 질문을 낳지만, 우리는 그 답에 대해 정확하게 알지 못한다. 몇 명의 사람들이 이미 감염되었는가? 확인하지 않으면 얼마나 빠르게 바이러스가 확산되는가? 감염된 사람 중 사망에 이르는 비율은 얼마인가? 감염된 후 증상이 나타날 때까지 얼마나 시간이 걸리는가? 증상이 나타나고 사망에 이를 때까지 얼마나 시간이 걸리는가? COVID-19에서 회복된 사람이 다시 감염될 수 있는가? 그렇지 않다면 면역은 얼마나 오래 지속하는가?

이 질문들은 상대적으로 답하기 쉽지만 어려운 결정을 내리기 위해서 우리는, 바이러스가 연령, 성별, 인종 등을 기준으로 다른 영향을 미치는가? 또는 일부 그룹이 다른 그룹보다 더 심한 증상을 겪는가? 아니면 바이러스가 모든 경우에 같은 영향을 미치는가? 이런 질문 다음에는 병원이 대처할 수 있는가? COVID-19 환자가 증가함에 따라 병원이 다른 질병을 치료하는 능력에 영향을 미치는가? 이런 질문에 답해야 한다. 그리고 가장 어려운 질문은 봉쇄 조치가 사람들의 일자리와 경제에 미치는 영향에 관한 것이다.

각 요소가 미칠 것으로 예상하는 효과를 알려주는 데 필요한 모든 통계가 있더라도(실제로는 전혀 그렇지 않지만), 이러한 요소들을 다 사용해 수학적 모델을 구축하는 것은 엄청난 작업이 될 것이다.

중국이 제공한 정보 또한 제한되었다. 4월 말까지 중국의 공식 통계에 따르면, 중국의 사망자는 총 4,640명이고 그중 다수는 우한이 위치한 후베이성에서 발생했다. 중국의 인구는 13.9억 명이므로 중국에서 COVID-19로 사망한 수는 인구 1%의 0.0003배에 해당한다. 영국 인구에 같은 비율을 적용하면 222명에 불과하다. 하지만 중요한 것은 중국의 수치가 정확했는지보다는, 우한시가 봉쇄되지 않았을 경우 수치가 어떻게 되었을지다.

알아야 할 또 다른 중요한 숫자는, 감염된 사람이 평균적으로 질병을 옮길 사람의 숫자인 바이러스의 확산율이다. 확산율이 1보다 크면 감염된 사람의 총 수가 증가할 수밖에 없지만, 1 미만이면 감염된 사람의 총 수가 감소하므로 전염병을 통제하기 위해서는 확산율을 1 미만으로 감소시키는 것이 매우 중요하다.

이 개념은 영국 정부와 언론의 관심을 끌었고 영국 정책의 초석이 되었지만, 대유행 초 몇 주 동안 정부가 잦은 용어 오류를 범함으로써, 정부가 해결하려는 문제의 본질을 진정으로 파악했다는 확신이 훼손되었다.

실제로 과학으로서의 역학은 두 가지 다른 확산율을 다룬다. R0 ('R-nought'이라고 발음)은 감염의 잠재적인 전염률을 나타낸다. 면역력이 발달하거나 예방접종을 받거나 격리가 시행되기 전, 새로운 질병이 인구 전체에 퍼질 수 있는 속도를 뜻한다. 반면에 Rt(또는 유효 확산율 Re)는 주어진 시간 t에서의 확산율을 말한다. 적어도 몇 주 동안 언론은 R0을 1 미만의 값으로 줄이는 것에 대한 문구를 기도문 또는 주문처럼 반복했으며, Rt를 제대로 알지 못한 채로 사용했다. 결국, 누군가가 그들이 틀렸다는 것을 알려준 것 같고 이후에는 단순히 'R 숫자'만을 언급하며 R0은 더는 사용되지 않았다.

중국의 수치는 R이 약 3이었을 것이라고 하는데(아마도 R0을 뜻하는 것이겠지만 정확하게 표현되지는 않음) 전염병을 통제하려면 R 값이 1 미만이어야 했다. 모든 환자가 다른 3명에게 질병을 전염시키는 것이 바로 지수적 성장을 나타내는 것으로, 감염이 전염되는 데 걸리는 시간마다 매번 3배로 증가하게 된다. R=1이면 각 환자는 회복하거나 사망하지만 다른 감염된 한 명이 그 자리를 대체하기 때문에, 감염된 사람의 수가 같게 유지된다. R이 1보다 작으면 환자의 수가 줄어들 것이다.

하지만 R의 값을 정확하게 추정하기는 쉽지 않다. 첫째 '슈퍼 전파자'라는 작은 문제가 있다. 방법과 이유는 알지 못하지만, 슈퍼 전파자는 바이러스를 100여 명에게 전파할 수 있다. 확산율 R은 평균한 결과인 것이기 때문에, 슈퍼 전파자가 100명의 사람을 감염시키고 다른 49명의 감염자가 전혀 전염시키지 않더라도 평균적으로 R=2가 된다.

뉴욕에서 COVID-19 발병률이 높은 이유 중 하나는, 100명 이상에게 전염시킨 것으로 확인된 슈퍼 전파자 한 명 때문이기도 하다.

R을 계산할 때 더 큰 문제는 대부분 국가에서 얼마나 많은 사람이 감염되었는지 알 수 없다는 것이다. 사람들이 증상이 나타나기 전에 바이러스를 진염시킬 수 있다는 사실과는 별개로, 일부 보균자는 증상이 전혀 나타나지 않았다.

병원 입원 숫자와 사망자 수를 차트로 작성하면 질병이 증가하거나 감소하는 것을 살펴볼 수 있다. 하지만 R을 정확하게 계산하기 위해서는 전국의 감염률이 필요한데, 이를 위해서 대규모 검사를 진행하더라도 그 정확도 또한 의심의 여지가 있다는 문제에 직면하게 된다.

병원에서 사망한 수조차도 문제가 된다. 영국에서 발표된 COVID -19의 비율에는 양성 반응을 보인 후 사망한 사람들이 포함되었지만, 증상이 나타났지만 검사를 받지 못한 사람들은 제외되었으며, COVID-19 이외의 요인이 사망 원인일 수도 있는 사람들이 포함되었다. 다른 국가들은 COVID-19 사망자 수를 기록하는 자체 기준을 사용했기 때문에 국가 간 비교가 어려웠다. 이와 관련해서 WHO는 이 점을 명확하게 하려고 COVID-19 사망에 대한 정의를 최소 12번 변경했으며 이로 인해 문제가 더 혼란스러워졌을 수 있다.

마지막으로 모든 수학적 모델에 내장되어야 하는 '집단 면역'의 개념을 언급해야 한다. 이 개념은 충분한 인구가 질병에 면역이 되어 있다면, 그 확산을 막는다는 것이다. 3명 중 2명이 COVID-19에 면역이 있고 R0 값이 3이라면, 보균자가 평균적으로 감염시킬 수 있는 3명 중 2명은 이미 면역이 되어 1명만이 질병에 걸릴 것이고, R0이 효과적으로 1로 감소한다.

문제는 면역력을 얻는 방법이 기본적으로 두 가지뿐이라는 것이다. 예방접종을 받거나 질병에 걸렸다가 회복했을 때다. 하지만 백신은 개발과 테스트에서 최소 1년 이상이 걸리는 경향이 있고, 질병에서 회복된 사람들 또한 집단 면역력을 형성하기에는 심각한 문제가 있다. 병에 걸리고 회복되는 과정이 너무 오래 걸릴 수 있고, 그렇게 형성된 면역이 오래 지속하지 않을 수도 있다. 그리고 COVID-19를 앓은 사람이 재감염될 수 있는지 또 그 상태에서 다시 전파할 수 있는지에 대해 큰 의구심이 제기되었다.

너무나도 많은 중요한 질문들에 대한 답이 없는 상황에서 COVID-19 비율을 줄이는 데 가장 성공한 국가들이, 가장 엄격한 봉쇄를 가장 빨리 시작한 국가들이라는 것은 놀라운 일이 아니다. 봉쇄가 조치별로 신중하게 해체될 때만, 각 조치가 감염률에 미치는 영향을 확인하고 수학적 모델에 넣을 올바른 값을 알 수 있다.

2020년 5월 BBC 뉴스에서 계산한 R 값이 0.71이라는 보도와 0.75 라는 보도, 두 가지를 본 적이 있다. R을 계산하는 데 필요한 수치를 평가하는 게 어려운 것을 고려할 때, 이 수치들은 의심스럽게도 그럴싸하지만 정확도가 낮을 것으로 보인다.

2020년 4월까지 영국의 COVID-19 검사는 주로 병원에 입원해 명확하게 증상이 있는 사람들과 일부 병원 직원들로 제한되었다. 이것은 매우 제한된 표본이며 전체 인구의 감염 비율에 대한 정보는 거의 제공하지 않는다. 4월 마지막 주 국가 통계국은 질병 확산에 대해 유효하게 평가할 수 있도록 무작위 표본을 대상으로 조사하기 시작했다. 4월 26일에 실시한 검사에 대한 첫 번째 연구 결과, 인구의 0.41%가 감염된 것으로 추정했다. 하지만 이 결과에 95% 신뢰 수준을 적용하면, 실제 수치가 0.19%에서 0.74% 사이일 수 있다는 것을 인정했다.

6월 7일까지 공개된 감염 수치는 인구의 0.06%(또는 95% 신뢰구간 0.03~0.11% 사이)로 감소했다. 이것은 영국에 약 4만 명의 감염자가 있으며, 95% 신뢰구간에 따라 실제 감염자 숫자가 2만~7만 3,000명

사이에 있을 수 있다는 것을 뜻한다. 동시에 확산율은 0.6~0.8 사이라고 주장되었지만, 감염된 사람의 수가 너무 모호하기 때문에 그렇게 좁은 범위의 추정치를 어떻게 정당화할 수 있을지는 설명되지 않았다.*

영국은 6월 마지막 주부터 COVID-19 관련 봉쇄 조치를 완화하기 시작했지만, 이것은 보건상인 측면만큼이나 경제적인 이유가 고려된 것으로 보인다. 결정적으로 재정적으로나 국민의 정신 건강에 대한 봉쇄 비용이 전염병 자체만큼 큰 피해를 줄 수 있다는 우려가 커졌다. 하지만 이미 봉쇄가 시작하기 직전에 감염이 정점에 도달했고 그 후 사망률이 감소하고 있었기 때문에, 점진적으로 봉쇄를 완화한 뒤 일이 잘못되면 다시 봉쇄 조치를 되살리는 것은 시도해볼 만한 도박처럼 보였다.

6월 말에 영국의 COVID-19 사망자 수는 4만 3,000명에 이르렀고, 전염병 기간의 총 사망자 수는 계절에 따라 예상되는 숫자보다 6만 5,000명 높은 것으로 추정된다. 즉, 2만 2,000명의 사망자는 COVID-19가 국가 의료 체계에 과부하를 주었기 때문에 다른 치료를 하지 못해 발생한 것으로 보인다.

2020년 7월 말 영국의 COVID-19 사망률은 인구 100만 명당 695명에 이르렀다. 전 세계 모든 국가 중에서 그보다 사망률이 높은 곳은 벨기에밖에 없었다. COVID-19 관련 조치가 전혀 이루어지지 않

---

* 95% 신뢰구간은 반복적으로 같은 크기의 표본을 100번 추출한다면 평균적으로 그중 95번은 95% 신뢰구간에 실제 감염 수치가 포함된다는 것을 뜻한다.

은 것으로 여겨졌던 미국(100만 명당 473명)과 브라질(100만 명당 449명) 조차도 영국보다 사망률이 유의하게 낮았다. 이후 광범위한 자료를 수집하고 분석해본 결과 영국의 접근 방식에서 부족했던 것들이 명확하게 드러났다.

독일(100만 명당 사망률 110명)은 COVID-19로 인한 총 사망자가 86명일 때 봉쇄를 결정했지만, 영국은 359명이 사망할 때까지 봉쇄를 연기했다. 1월 1일부터 영국이 봉쇄한 시점까지 1,600만 명이 영국에 입국했으며 그중 스페인에서만 매일 2만 명이 입국했다. 이 바이러스의 유전적 분석에 따르면 최소 1,365명의 사람이 영국으로 바이러스를 가지고 들어왔고, 이것이 매우 빠르게 확산한 이유다. 또한, 3월 중순에 검사와 접촉자 추적이 다소 이상한 방식으로 중단되었기 때문에, 이후에는 무슨 일이 일어나고 있는지 거의 알지 못하게 되었다.

만약 영국의 봉쇄 조치가 일주일 더 빠르게 시행되었다면, 사망자의 절반에서 4분의 3을 구할 수 있었을 것으로 추정된다.

봉쇄에 관한 규정도 일관성이 부족했다. WHO는 사람들이 1미터 이상 떨어져 있어야 한다고 권고했지만, 영국은 2미터가 올바른 거리라고 주장했다. 솔직히 말해서 우리는 질병이 어떻게 퍼졌는지에 대해 거의 알지 못하기 때문에 어떤 것이 옳다고 말하기가 어렵다. 아무도 마스크를 쓰는 것이 좋은 생각인지 확신하지 못했다. 그리고 일부 국가는 학교를 폐쇄했지만 다른 국가들은 계속 등교하도록 했다.

데이비드 스피겔할터가 지적한 것처럼 질병은 '아이들에게는 믿을 수 없을 정도로 안전하며' 35세 미만의 사람들조차도 COVID-19

보다 교통사고로 사망할 가능성이 더 크다. 그러나 걱정되는 부분은 아이들이 질병에 걸리고 다른 취약 계층에 전파할 수 있다는 점이었다. 그러나 봉쇄가 완화된 시기에도 영국의 추적 시스템이 아직 초기 단계에 있었기 때문에, 아이들을 통해 질병이 전파되는 정도에 대한 정보가 거의 없었다.

그러나 수치를 통해 COVID-19로 사망할 확률이 나이가 올라갈수록 급격하게 증가한다는 것을 알 수 있다. 60대의 경우 COVID-19에 걸린 사람들이 COVID-19로 인해 사망할 확률은 2%에 불과했지만, 이 확률은 90세에서는 약 10%로 증가했다. 놀랍게도 모든 연령대에서 COVID-19에 감염되면 1년 이내에 사망할 확률이 두 배로 증가했다.

우리는 서서히 이 질병의 확산에 대해 더 많은 정보를 얻게 되었지만, 정부는 제한된 정보를 바탕으로 결정을 내려야 했다. 돌이켜보면 제대로 된 결정을 내린 사람은, 5장에서처럼 '내가 구했어!'라고 외칠 수 있고, 잘못 판단한 사람은 '이것은 우리 잘못이 아니야'라고 말하며 다른 게임을 할 것이다.

영화 〈더티 해리 2-이것이 법이다〉에서 클린트 이스트우드는 '남자는 자신의 한계를 알아야 한다'라고 말했다. COVID-19 이야기가 확인한 것처럼 수학적 모델을 만드는 사람들 또한 자신의 한계를 알아야 한다.

이 경우 우리는 전염병에 대처하기 위해 어떤 접근 방식이 가장 좋았는지는 뒤늦게 알게 될 것이다. 우리는 분명히 350여 년 전 1665

년의 대재앙에서 교훈을 배우지 못한 것으로 보인다. COVID-19에서 교훈을 빨리 얻길 바란다.

참고문헌

이 책에 언급된 출처에 메모를 추가한 경우도 있다. 항목은 나오는 순서대로 나열했다.

서론

Levermann, N. et al., 'Feeding Behaviour of Free-Ranging Walruses with Notes on Apparent Dextrality of Flipper Use', *BMC Ecology* (2003)

Kaplan, J.D. et al., 'Behavioural Laterality in Foraging Bottlenose Dolphins (*Tursiops truncatus*)', *Royal Society Open Science* (2019)

CHAPTER 1 우리의 수명

Montagu, J.D., 'Length of life in the ancient world: a controlled study', *J. Royal Society of Medicine* (1994)

Piccioli, A., Gazzaniga, V., & Catalano, P., 'Bones: Orthopaedic Pathologies in Roman Imperial Age', Springer (2017)

CHAPTER 2 길거리 설문조사

Galton, F., 'Regression Towards Mediocrity in Hereditary Stature',

Journal of the Anthropological Institute (1886)

CHAPTER 3 위험과 대응

Kahneman, D., *Thinking, Fast and Slow*, Farrah, Straus and Giroux (2011)

Tversky, A. and Kahneman, D., 'The Framing of Decisions and the Psychology of Choice', *Science* (2010)

Thaler, R.H. and Johnson, E.J., 'Gambling With the House Money and Trying to Break: The Effects of Prior Outcome on Risky Choice', *Management Science* (1990)

Birnbaum, M., 'New Paradoxes of Risky Decision Making', *Psychological Review* (2008)

Tversky, A., 'Intransitivity of Preferences', *Psychological Review* (1969)

Blalock, G., Kadiyali, V. and Simon, D.H., 'Driving Fatalities After 9/11', *Applied Economics* (2009)

Slovic, P., 'Perception of Risk', *Science* (1987)

CHAPTER 4 스포츠의 수학

Bar-Eli, M. and Azar, O.H., 'Penalty Kicks in Soccer: An Empirical Analysis of Shooting Strategies and Goalkeepers' Preferences', *Soccer and Society* (2009)

Christenfeld, N., 'What Makes a Good Sport', *Nature* (1996)

Magnus, J.R. and Klaassen, F., 'Testing Some Common Tennis Hypotheses', Tilburg University, Center for Economic Research, Discussion Paper (1996)

Klaassen, F. and Magnus J.R., 'Analysing Wimbledon: The Power of Statistics', OUP (2014)

Borghans, L., 'Keuzeprobleem op Centre Court' (A choice problem on centre court), *Economisch Statistische Berichten* (1995)

Walker, M. and Wooders, J., 'Minimax Play at Wimbledon', *The American Economic Review* (2001)

Palacios-Huerto, I., 'Professionals Play Minimax', *Review of Economic Studies* (2003)

Audas, R., Dobson, S. and Goddard, J., 'Team Performance and Managerial Change in the English Football League', *Economic Affairs* (2008)

Hope, C., 'When should you sack a football manager?', *Operational Research Society* (2003)

Stigler, S. and Stigler, M., 'Skill and Luck in Tournament Golf', *Chance* (2018)

Gilovich, T., Vallone, R. and Tversky, A., 'The Hot Hand in Basketball: On the Misperception of Random Sequences', *Cognitive Psychology* (1985)

Bocskocsky, A., Ezekowitz, J. and Stein, C., 'The Hot Hand: A New

Approach to an Old "Fallacy", MIT Sloan Sports Analytics Conference (2014)

CHAPTER 5 내가 구해줄게!

Smith, A., *The Wealth of Nations*, Strathan and Cadell (1776)

O'Rourke, P.J., *On the Wealth of Nations*, Grove Atlantic (2007)

Booker, C. and North, R., *Scared to Death*, Continuum (2007)

Maor, M., 'Policy Over-Reaction', *Journal of Public Policy* (2012)

Kahan, D.M. et al., 'Motivated Numeracy and Enlightened Self-Government, *Behavioural Public Policy*, Yale Law School (2013)

Adams, J., *Risk,* University College London Press (1995)

CHAPTER 6 크고 작은 숫자들

Fowler, H., 'Modern English Usage', OUP (1926)

Tversky, A. and Kahneman, D., 'Belief in the Law of Small Numbers', *Psychological Bulletin* (1971)

CHAPTER 7 유의성의 비-유의성

Bakan, D., 'On Method: Toward a Reconstruction of Psychological Investigation', Jossey-Bass behavioural science series (1967)

Fisher, R.A., 'Statistical Methods for Research Workers', Oliver & Boyd (1925)

Gill, J., 'The Insignificance of Null Hypothesis Significance Testing', *Political Research Quarterly* (1999)

Lambdin, C., 'Significance Tests as Sorcery', *Theory and Psychology* (2012)

CHAPTER 8 인과관계

Nietzsche, F., *Twilight of the Idols*, Naumann Verlag (1889)

Smith, G.D., 'Sex and Death: Are They Related?', *British Medical Journal* (1997)

Siminosky, K. and Bain, J., 'The Relationships Among Height, Penile Length and Foot Size', *Annals of Sex Research* (1993)

Wason, P.C., 'On the failure to eliminate hypotheses in a conceptual task', *The Quarterly Journal of Experimental Psychology* (1960)

Messerli, F.H., 'Chocolate Consumption, Cognitive Function and Nobel Laureates', *New England Journal of Medicine* (2012)

Skinner, B.F., '"Superstition" in the pigeon', *Journal of Experimental Psychology* (1948)

Campbell, D.E. and Beets, J.L., 'Lunacy and the Moon', *Psychological Bulletin* (1978)

Rotton, J. and Kelly, I., 'Much Ado About the Full Moon: A Meta-Analysis of Lunar-Lunacy Research', *Psychological Bulletin* (1985)

Näyhä, S., 'Lunar Cycle in Homicides: A Population-based Time Series

Study in Finland', *British Medical Journal* (2018)

Ioannidis, J., 'Why Most Published Research Findings Are False', *PLOS Medicine* (2005)

CHAPTER 10 카오스와 나비

Lorenz, E., 'Deterministic Nonperiodic Flow', *Journal of the Atmospheric Sciences* (1961)

Lorenz, E., 'Predictability: Does the Flap of a Butterfly's Wings in Brazil Set Off a Tornado in Texas?', Amer. Assoc. for the Advancement of Science, 139th Meeting (1972)

CHAPTER 11 어뢰와 화장실과 진정한 사랑

Gardner M., 'Mathematical Games', *Scientific American*, February issue (1960)

CHAPTER 12 공식 제조법

Wong, W. et al., 'Redefining the Ideal Buttocks: A Population Analysis', *Journal of Plastic and Reconstructive Surgery* (2016)

CHAPTER 13 원숭이의 수학

Locke, J., 'An Essay Concerning Human Understanding', Thomas Basset (1689)

Chen, K. and Santos, L., 'The Evolution of Our Preferences: Evidence from Capuchin Monkey Trading Behavior', *Cowles Foundation Discussion Paper* (2005)

CHAPTER 14 전염병 대혼란

Defoe, D., *Journal of the Plague Year*, E. Nutt (1722)

Spiegelhalter, D., 'How much "normal" risk does Covid represent?', Winton Centre for Risk and Evidence